DAS GROSSE JUNKERS FLUGZEUGBUCH

Umschlagmotive

Abb. oben: Eine Junkers Ju.52/3m mit der Kennung D-AMUO im Outfit der Deutschen Lufthansa ab Mitte der 1930er Jahre.
Foto: Zentrale Fotostelle der JFM-Werke, Dessau 1936, Sammlung des Autors
Abb. unten: Tragflächenmontage an einer Junkers W 34w auf dem Junkers-Wasserflugplatz im Leopoldhafen am Dessauer Kornhaus an der Elbe. Zur Starthilfe schwerlastiger Wasserflugzeuge erfolgten 1928 auf der Elbe zwischen dem Kornhaus und Wallwitzhafen Versuche mit Raketenstarthilfen durch die Abteilung Strömungstechnik.
Foto: Herbert Erfurth, 07.08.1928, Sammlung des Autors
Rückseite: Montage der JFM Ju 90 im Stammbetrieb der Junkers Flugzeug- und -Motorenwerke AG
Foto: Zentrale Fotostelle der JFM-Werke, Dessau 1938, Sammlung des Autors

Helmut Erfurth, geboren 1948 in Dessau, ist Gründungsvorsitzender des Fördervereins Technikmuseum Hugo Junkers Dessau und Vorstandsmitglied der IG Luftfahrtgeschichte im Luftsportverband Sachsen-Anhalt.
Er hat sich mit zahlreichen Veröffentlichungen und Ausstellungen zur Industriekultur, Kunst- und Luftfahrtgeschichte einen Namen gemacht.

Im GeraMond Verlag sind von Helmut Erfurth bislang erschienen:

LUFTFAHRT IM DRITTEN REICH
Ziviler Flugverkehr und Luftwaffe 1933–1945
ISBN 978-3-86245-307-8

JU 52
ISBN 978-3-86245-756-4

DAS GROSSE BUCH DER DDR-LUFTFAHRT
Zivile Luftfahrt von 1945 bis 1990
ISBN 978-3-7654-7216-9

HELMUT ERFURTH

DAS GROSSE JUNKERS FLUGZEUGBUCH

HUGO JUNKERS UND SEINE KONSTRUKTIONEN

GeraMond

„Feierabend bei Junkers" heißt eine Fotoserie der Dessauer Junkers-Werke von 1913. Mit diesem interessanten und vor allem sozial geprägten Zeitdokument, das auch als Titelbild eines Junkers-Werbeprospektes Verwendung fand, wird die Arbeiterschaft als Werte schaffende Produktivkraft gewürdigt und hervorgehoben.
Foto: Sammlung des Autors

Lektorat: Marcus Piorkowski
Layout: Ruth Kammermeier, BUCHFLINK Rüdiger Wagner
Repro: LUDWIG:media
Herstellung: Elke Mader
Printed in Poland by CGS Printing

Umschlagabbildungen: Sammlung des Autors
Abbildungen im Anhang: Bildsammlung Schmitt (S. 107 o., S. 112 l.u., S.112 r.u., 114 r.u., S. 118 l.u., S. 120 r.o., S. 129 r.o., S. 138 l.u., S. 139 l.o.); Deutsches Museum (S. 110 l.u., S. 111 r.o.); Landesbildstelle Berlin (S. 113 l.o.); Lufthansa (S. 126 r.o.); Thomas Hoffmann (S. 107 u., S. 116 l.u., S. 135 l.u., S. 136 l.o., S. 137 l.u., S. 137 r.u., S. 138 r.u.);
alle anderen Abbildungen: Sammlung des Autors

Die Deutsche Nationalbibliothek verzeichnet diese Publikation in der Deutschen Nationalbibliografie, detaillierte bibliografische Daten sind über http://dnb.d-nb.de abrufbar.

★★★★★

Sind Sie mit diesem Titel zufrieden? Dann würden wir uns über Ihre Weiterempfehlung freuen. Erzählen Sie es im Freundeskreis, berichten Sie Ihrem Buchhändler oder bewerten Sie bei Ihrem nächsten Onlinekauf. Und wenn Sie Kritik, Korrekturen oder Aktualisierungen haben, freuen wir uns über Ihre Nachricht an GeraMond Verlag, Postfach 40 02 09, D-80702 München oder per E-Mail an lektorat@verlagshaus.de

Unser komplettes Programm finden Sie unter

www.geramond.de

ISBN 978-3-7654-7034-9

Vorwort

Wir sehen in den Junkers-Werken ein glänzendes Bild modernster Technik und technisch-wissenschaftlicher Forschungsarbeit, ein Institut hoch qualifizierter deutscher Arbeit ... – eine Denkfabrik!

Reichspräsident Friedrich Ebert während seines Besuches in den Dessauer Junkers-Werken am 6. Dezember 1922

Professor Hugo Junkers (1859–1935) ist eine der prägendsten Persönlichkeiten der Weltluftfahrtgeschichte. Hier ist er in einer Aufnahme zu sehen, die ihn locker und „in Bewegung" zeigt. Die meisten anderen Fotos, auf denen er zu sehen ist, haben einen „offizielleren" und steiferen Charakter.

Foto: Sammlung des Autors

Die Entwicklung der Luftfahrt ist untrennbar mit dem Namen von Professor Hugo Junkers (1859–1935) verbunden. Er gilt als einer der bedeutendsten Ingenieure, Unternehmer und Wissenschaftler des 20. Jahrhunderts. In seinen handschriftlichen Aufzeichnungen befindet sich unter dem 3. Dezember 1909 ein Patententwurf für eine körperliche Gestaltung von Tragflächen für den Flugzeugbau. Durch praktische und methodische Forschungen auf aerodynamischem Gebiet erkannte Junkers die naturgesetzlichen Hauptgrundsätze für die Formgebung strömungsgerechter, dicker Tragflächenprofile aus Metall, deren Hohlräume zur Aufnahme von Personen, Transportgütern, Flugzeugmotoren und Treibstoffen genutzt werden konnten. So entstand das erste Junkers-Flugzeugpatent, DRP-Nr. 253788, unter der Bezeichnung „Gleitflieger mit zur Aufnahme von nicht Antrieb erzeugenden Teilen dienenden Hohlkörpern" vom 1. Februar 1910. Mit diesem Patent schuf Hugo Junkers die grundlegenden und richtungsweisenden Voraussetzungen für den Metallflugzeugbau.

Durch den Einsatz der Junkers-Ganzmetallbauweise ab 1915 mit der Junkers J 1 wurde eine Revolution im Flugzeugbau eingeleitet, erfolgte doch die Bauweise bis dahin im Wesentlichen auf Holz-Stoff-Basis, wobei die Tragflächen noch verspannt waren. Die Junkers-Konstruktionen verbesserten wesentlich die Aerodynamik, Festigkeit, Formbeständigkeit und somit entscheidend die Sicherheit im Flugzeugbau. Eine Reihe weiterer Junkers-Patente, wie das „Eindecker-Flugzeug mit selbsttragenden Flügeln" (DRP-Nr. 313692) und der „Tragflügel mit Wellblechdecke" (DRP-Nr. 337522), bildeten die Grundlage für den Bau des ersten Ganzmetall-Kabinen-Verkehrsflugzeuges der Welt. Mit dieser einmotorigen Maschine, der Junkers F 13, die am 25. Juni 1919 zu ihrem Jungfernflug startete, begann eine neue Ära in der Luftfahrtgeschichte.

So steht der Name Professor Hugo Junkers auch als ein wesentlicher Wegbereiter der Passagier-Fluglinien im In- und Ausland. Die Gründung zahlreicher Fluggesellschaften in Europa, Südamerika und Asien geht auf seine Anregung zurück. Es gab kaum eine Fluggesellschaft, in der nicht Junkers-Flugzeuge vertreten waren. Die Junkers F 13 galt in den 1920er-Jahren als das meistgeflogene Flugzeug. Im Besonderen die mehrmotorigen Maschinen wie die G 23/24, G 31 und G 38 machten den Namen Hugo Junkers weltbekannt. Junkers-Flugzeuge flogen auf allen Kontinenten und in allen Klimazonen von den Tropen des Äquators bis zum nördlichen Eismeer, sodass sich der Besucher und Fluggast vom hohen Standard und Service sowie der

Unter dem Sternennamen „Beteigeuze", der sich im Orionnebel als ein leuchtender roter Punkt hervorhebt, wurde 1926 diese Junkers A 20, Kennung D-599, mit der Werk-Nr. 863 in den Flugdienst der Luft Hansa gestellt und flog bis 1936 im deutschen Luftpostverkehr.
Foto: Lufthansa

Sicherheit und Wirtschaftlichkeit der Maschinen überzeugen konnte.

Hugo Junkers sah in der Luftfahrt die größte Chance, die Menschen einander näher zu bringen, da sich gerade auf diesem Gebiet die Verkehrs- und Transportmittel innerhalb weniger Jahre qualitativ und quantitativ verändert hatten:

„Einer Handelsluftfahrtflotte sind keine Grenzen gezogen. Die politischen Grenzen verwischen, die Annäherung wie das Verhältnis der Völker füreinander zu fördern, ist sie in hervorragendem Maße berufen."

In den 1930er-Jahren galt die Junkers Ju 52/3m weltweit als eines der meistgeflogenen Flugzeuge. Nicht nur bei der Deutschen Lufthansa, sondern auch im internationalen Flugverkehr anderer Luftfahrtgesellschaften wurde sie zu einem Symbol für Innovationsfreudigkeit, Qualität und Zuverlässigkeit. Hinzu kamen die zahlreichen Pionierflüge, über deren Ergebnisse und Leistungen in der internationalen Presse vielfältige Artikel und Bildfolgen erschienen.

Nach dem Machtantritt der Nationalsozialisten am 30. Januar 1933 wurde Professor Junkers seiner Werke und seiner wissenschaftlichen Errungenschaften beraubt. Als Demokrat und Weltbürger behinderte Junkers das Aufrüstungsprogramm der neuen Machthaber, da er das Flugzeug und den Weltluftverkehr als eine völkerverständigende Form des Friedens ansah, die ausschließlich dem Austausch der Kulturen und der Wirtschaft zu dienen habe. In den neu entstandenen Werkhallen wurden nun vorrangig Kampfflugzeuge produziert.

Dessau, im Juli 2025
Helmut Erfurth

Werdejahre

Hugo Junkers und der Standort Dessau

Vorherige Doppelseite: Die Junkers-Luftbildfotografie von 1919 zeigt das Dessauer Bahnhofs- und Gasviertel. Hier gründete 1889 Hugo Junkers gemeinsam mit Wilhelm von Oechelhaeuser junior eine Versuchsstation für Gasmotore. 1892 kommt es zur Gründung der ersten eigenen Firma „Hugo Junkers Civil-Ingenieur Dessau".
Foto: Sammlung des Autors

Unten: Das Wohnhaus der Familie Junkers in der Albrechtstraße im Stadtteil Dessau-Nord, 1923
Foto: Sammlung des Autors

Kaum ein anderes industrielles Unternehmen hat die Entwicklung der Stadt Dessau und des Landes Anhalt im mitteldeutschen Raum in so intensiver und vielfältiger Weise mitgestaltet und geprägt wie die Junkers-Werke. In sozialer, kultureller, städtebaulicher, naturwissenschaftlicher, technischer und wirtschaftlicher Hinsicht nahmen sie über fünfzig Jahre am Werdegang einer Region teil.

In der Mitte des 19. Jahrhunderts setzte in Dessau die Industrialisierung ein und diese bestimmte fortan in immer stärkerem Maße das städtische Bild. Unternehmen wie die Deutsche Continental-Gas-Gesellschaft (DCGG) mit ihren Tochterfirmen, die Berlin-Anhaltische Maschinenfabrik-Gesellschaft (BAMAG), die Waggonfabrik, aber auch die Maschinen- und Anlagenfabrik Polysius, die Zuckerraffinerie sowie zahlreiche mittelständische Betriebe und nicht zuletzt die im Westteil der Stadt angesiedelten fünf Junkers-Werke begründeten den Ruf Dessaus als Industriestadt.

So wandelte sich Dessau von der einstigen fürstlichen Residenz, der Landeshauptstadt Anhalts seit 1863, zu einem Zentrum wissenschaftlich-technischen Fortschritts, zu einer Region, deren Leitbilder immer mehr durch Fortschrittseuphorie, Technikglaube und Wachstumsorientierung geprägt wurden.

Ein neues Raumbild entstand, in dem nicht mehr vordringlich das Gartenreich der Aufklärung des Reformfürsten Leopold III. Friedrich Franz von Anhalt-Dessau (1740–1817) mit seinen weitreichenden sozial-kulturellen, agrar-ökonomischen und geistig-humanistischen Anliegen die Präsenz besaß. Wissenschaft und Technik leiteten mit dem Maschinenzeitalter des 19. Jahrhunderts einen Erkenntnisprozess ein, der die Potenziale der Industrie schnell wachsen ließ. Namen wie Hans Victor von Unruh (1806–1886), Wilhelm Oechelhaeuser sen. (1820–1902), der in den Adelsstand erhobene Wilhelm von Oechelhaeuser jun. (1850–1923), Hugo Junkers (1859–1935) und Walther Rathenau (1867–1922) prägten nicht nur eine Stadt, sondern eine Region: Mitteldeutschland. Das so prosperierende Wirtschaftsgebiet veränderte auch das Stadt- und Landschaftsbild. Ein industriell geprägtes Raumbild entstand, das mehr und mehr von logistischen, technologischen und wirtschaftlichen Prozessen gekennzeichnet war. Walther Rathenau beschrieb 1911 dieses neue Raumbild in seinem Buch „Zur Kritik der Zeit": „In ihrer Struktur und Mechanik sind alle größeren Städte der weißen Welt identisch. Im Mittelpunkt eines Spinnwebes von Schienen gelagert, schießen sie ihre versteinernden Straßenfäden über das Land. Sichtbare und unsichtbare Netze rollenden Verkehrs durchziehen und unterwühlen die Straßenschluchten und pumpen zweimal täglich Menschenkörper von den Gliedern zum Herzen. Ein zweites, drittes, viertes Netz verteilt Feuchtigkeit, Wärme und Kraft, ein elektrisches Nervenbündel trägt die Schwingungen des Geistes. Nahrungs- und Reizstoffe gleiten auf Schienen und Wasserflächen herbei, verbrauchte Materie entströmt durch Kanäle."

Oben: „Im Hasenwinkel an der Cöthenschen Straße Nr. 303" erwirbt Professor Junkers 1906 ein 2,6 Hektar großes Gelände von der Stadt Dessau und baut dort eine neue Fabrik. In den Werkstätten entstehen neben den Warmwasser-Apparaturen von Junkers & Co. 1908 auch die Tragflächen für die Reissner-Ente. Ab 1915 begann der Flugzeugbau und bestimmte fortan das Baugeschehen und die Entwicklung der Werksanlagen.

Die Luftbildaufnahme entstand 1926 und zeigt im Vordergrund das Junkers-Flugzeugwerk und im dahinter liegenden Bereich den Junkers-Motorenbau. Aufgrund ihrer Größe sind die beiden Flugzeughallen gut zu erkennen. Auf dem Flugplatz, oben rechts im Bild, war zu diesem Zeitpunkt noch nicht die für den Ozeanflug geplante Beton-Start-und-Lande-Bahn gebaut worden.

Foto: Sammlung des Autors

Dieses Raumbild war durchaus keine fiktive Vision, sondern existierte in der geschilderten Form bis in das letzte Dezennium des 20. Jahrhunderts. Südlich von Dessau, zwischen Raguhn/Zschornewitz und Bitterfeld, ließ Walther Rathenau ab 1893 entlang der Mulde für die AEG ein riesiges Industriegebiet anlegen, das zwischen den Weltkriegen Heimstatt der IG Farben, der Agfa und eines der größten elektrochemischen Unternehmens werden sollte. Die Dominanz der Industrieanlagen zeigte sich im Stadtbild und der Landschaft. Ein Raumbild, das ausschließlich von technologischen und verfahrenstechnischen Erfordernissen strukturiert war. Dem hatten sich der Siedlungsbau, das Stadtbild und die Landschaft unterzuordnen.

Im Gegensatz dazu bewies Prof. Junkers, dass Industrie, Stadt und Landschaft durchaus in harmonischer Wechselwirkung zueinander stehen können. So gliedern sich die ab 1908 im Westteil von Dessau angelegten Junkers-Unternehmungen zwar auch nach technologischen Gesichtspunkten, doch nicht vorrangig. Jedes Werk ist in seinem Weichbild als Einzelunternehmen zu erkennen und wirkt daher in seinem Raumbild nicht bestimmend. Bei der Standortwahl und der Gestaltung der Junkers-Werke wurden Stadtbild und Landschaft gleichermaßen berücksichtigt. Bei der Anlegung des neuen Werksflugplatzes ab 1925 entstand sogar ein ökologisch orientiertes Flächenkonzept.

Wie bewusst Prof. Junkers die Entwicklung seiner Unternehmungen einschließlich des Siedlungsbaues planen ließ, verdeutlichen in anschaulicher Weise das Projekt der Junkers-Siedlung und die Analyse über die Standorterweiterungen der Junkers-Werke in Dessau. Arbeiten, die am Bauhaus Dessau 1931/32 unter der Leitung des Bauhaus-Direktors Ludwig Mies van der Rohe (1886–1969) und dem Stadtplaner Ludwig Hilberseimer (1885–1967) durchgeführt wurden.

Doch sollte es besonders dem Junkers-Metallflugzeugbau vorbehalten sein, in den Zwanzigerjahren des 20. Jahrhunderts die Junkers-Werke und die Stadt Dessau weltbekannt zu machen. So erhielt die Stadt 1928 nach der erfolgreichen europäischen Atlantiküberquerung mit einer Junkers W 33 und den über Dessau geflogenen 27 Luftfahrt-Weltrekorden von der internationalen Presse den Ehrentitel: „Dessau, die Stadt der Flieger".

Auch auf anderen naturwissenschaftlichen und technischen Gebieten war Junkers tätig. Erfolgreich entwickelte und baute er Schwer- und Leichtölmotore im Fahrzeug-, Schiffs- und Flugzeugbau, Warmwasser-

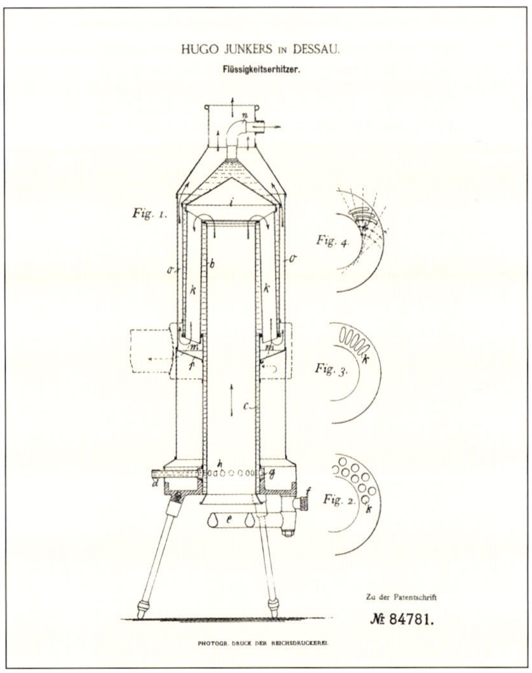

Rechts: Zeichnung zur Junkers-Patentschrift „Flüssigkeitserhitzer", Patent-Nr. 84 781 der Klasse 36, vom 20. Juni 1894. Der Warmwasser-Heizungsapparat entstand als Folgeprodukt des Kalorimeters, einem Messgerät zur Heizwertbestimmung brennbarer Medien.
Foto: Sammlung des Autors

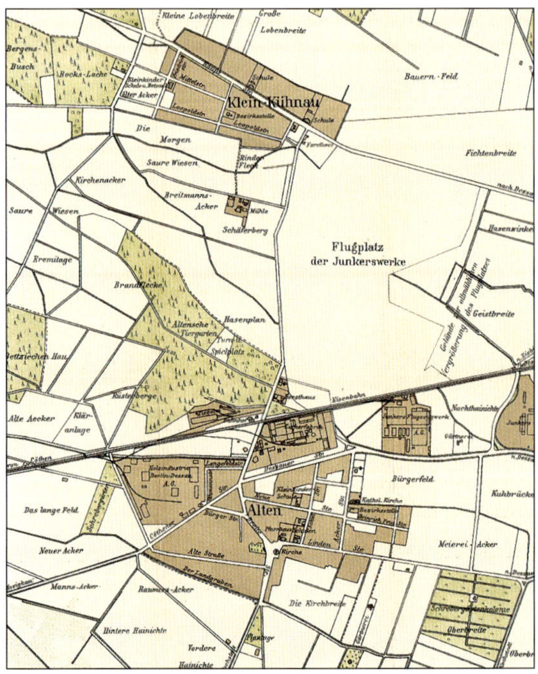

Ganz rechts: Der neue Junkers-Werkflugplatz wurde erstmals im Dessauer Stadtplan von 1925 verzeichnet.
Dokument: Sammlung des Autors

Durchlauferhitzer und Messgeräte für die Wärmemessung sowie Konstruktionen im Brücken-, Hallen- und Hausbau. Auf dem Gebiet des industriellen Designs von Haushaltsgegenständen, von Bad- und Kücheneinrichtungen erarbeitete er heute noch geltende Grundlagen. Seine auf die Gebrauchswert-Eigenschaften orientierte Reklame war ihrer Zeit weit voraus. Der Name „Junkers“ stand für technisches Know-how, Qualität und Zuverlässigkeit. Er wurde zum Corporate Design.

Hinzu kam das Engagement des vielseitig Interessierten und Begabten auf politischem, kulturellem und künstlerischem Gebiet. An die Ethik im Menschen glaubend und dem Fortschritt dienend, entwickelte Junkers auch neue Forschungsmethoden. Seine Art des Forschens war für jene Zeit neu und beispielgebend. Zeit seines Lebens versuchte er, Lehre und Forschung, Versuch und Erfindung in einer praxisnahen Weise zu vereinen. Durch diese typische Junkers'sche Wissenschaftskonzeption waren seine Betriebe in erster Linie Stätten der Innovation.

So bildeten die Junkers-Werkstätten die Basis für eine Form der praxisbezogenen Wissenschaftsentwicklung, die in ihrer Methodik sicher erstmals in dieser Konsequenz zum Tragen kam, in ihrem Wirken etwas bis dahin Einmaliges repräsentierte und in ihrer Resonanz noch bis in unsere Gegenwart reicht. Wenn wir uns heute dieser Junkers'schen Prinzipien erinnern, dann nicht der Vergangenheit oder der Historizität wegen, sondern wegen der Erkenntnis, dass die von Prof. Junkers praktizierte Methodik ein Schlüssel zur Realisierung heutiger Aufgaben sein kann.

Oben: Am Kaiserplatz 21 befanden sich ab 1915 das Hauptbüro der Junkers-Werke und das Privatsekretariat von Professor Hugo Junkers, zweites Gebäude von rechts. Interessanterweise wurde im selben Haus am 14. Dezember 1911 der spätere Physiker und Wegbereiter des Jet-Zeitalters, Prof. Dr.-Ing. Hans Joachim Pabst von Ohain, geboren.

Foto: Sammlung des Autors

Der gegenseitige Austausch

Wissenschaft und Praxis

Vorherige Doppelseite: Professor Junkers war der Überzeugung, dass wissenschaftlich-technische Neuerungen und schöpferische Arbeit sich nur im freien Gedankenaustausch entwickeln können. Durch seine ethischen Auffassungen in Wissenschaft, Technik und Produktion hat Junkers auf pädagogischem Gebiet den spezialisierten Facharbeiter bzw. Fachingenieur auf eine neue qualitative Stufe gehoben.
Foto: Sammlung des Autors

Rechts: Junkers während seiner Berliner Studienzeit, 1878
Foto: Sammlung des Autors

Mit 29 Jahren trat Hugo Junkers am 28. Oktober 1888 auf Empfehlung seines Berliner Lehrers Professor Adolph Slaby (1849–1913) bei der Deutschen Continental-Gas-Gesellschaft in Dessau als Konstrukteur ein. Die Gesellschaft stand damals noch unter der Leitung ihres ersten Generaldirektors Wilhelm Oechelhaeuser, dem die deutsche Gasindustrie in erster Linie ihren Aufstieg zu verdanken hat. Dort befand sich seit 1886 eine Elektroenergiezentrale, die zweite ihrer Art in Deutschland nach Berlin. Nach fast fünfjähriger fruchtbarer Zusammenarbeit mit von Oechelhaeuser junior, die 1890 zur Errichtung der „Versuchsstation für Gasmotoren von Oechelhaeuser und Junkers" auf dem Grundstück der Dessauer Gasanstalt geführt hatte, löste Junkers unter Aufrechterhaltung seiner persönlichen Beziehungen zu von Oechelhaeuser dieses Teilhaberverhältnis, um sich in völliger Unabhängigkeit weiterer Forschungstätigkeit widmen zu können. Es kam zur Gründung eigener Fabriken, „Hugo Junkers – Civil-Ingenieur Dessau" (1892), zunächst Betriebe zur Herstellung von Badeöfen und Kalorimetern unter der Firma Junkers & Co. (1895), kurz „Ico" genannt, und dem „Kaloriferwerk Hugo Junkers" (1908), später einer Motorenbaufabrik in Magdeburg unter der Fa. Junkers-Motorenbau G.m.b.H. (1913).

Angewandte Grundlagenforschung

In Dessau sammelte Hugo Junkers erste eigene wissenschaftliche Erfahrungen und zahlte zugleich – und dies war absehbar noch wichtiger – industrielles Lehrgeld. Möglicherweise befangen im Überschwang jugendlichen Selbstwertgefühls, erstmals allein eine Aufgabe meistern zu können, erlitt Junkers bei der Verbesserung des Gasmotors zunächst Rückschlag auf Rückschlag. Der Glaube, durch geniale Neuerungen ein ganzes System wie den Gasmotor hocheffektiv zu machen, führte in die Sackgasse, zu nutzlos verronnenen Monaten. Er eignete sich aber dadurch einen Wissens- und Erfahrungsschatz an, der zur Ausbildung einer von ihm nun lebenslang befolgten Methodik beitrug, wie ein technisch-wissenschaftliches Problem zu lösen sei. Hand in Hand gingen dabei Empirie und Theorie, wobei die Theorie stets praxisgebunden und praxisorientiert blieb. Grundlagenforschung war bei Junkers stets auf unmittelbare Anwendung, auf Zweckgebundenheit ausgerichtet. Berechnet und verallgemeinert wurde nur dort und nur in dem Maße, wie es das Produkt erforderte. Nicht der theoretische Formelsatz stand in seinem Denken obenan, sondern das patentierte Ergebnis in möglichst produktreifer Form. Um theoretische Lösungen und Praxisaufgaben optimal zu meistern, wurden die geforderten Parameter einer Maschine oder eines Aggregates in ihre verschiedenen Bestandteile zerlegt. Dadurch konnten technische Schwierigkeiten auf ein Minimum reduziert und deutlich präziser untersucht werden.

Sehr zeitig führte dieses Herangehen in der Versuchsstation und besonders in der am 31. Oktober 1892 in Eigenregie übernommenen Versuchsanstalt dazu, der Material- und Werkstoffprüfung einen immer größeren Platz in der Zweckforschung einzuräumen. Die Besessenheit, mit der sich Junkers einer Aufgabe wie dem Gasmotor verschrieb – ein Ziel, das er technisch im selben Jahr mit dem ersten 100-PS-Gegenkolbengasmotor löste, dem sich 1893 ein 200-PS-Motor anschloss –, machte ihn jedoch nicht blind für die gleichsam als Nebenprodukte anfallenden Erkenntnisse. Ja, es waren eher diese, die zunächst seinen Ruf begründen halfen. Der Gasmotor fiel auf Dauer trotz seiner technischen Lösung den handlicheren, leis-

Unten: Ansicht der Junkers-Werke auf einem Werbeblatt von 1927
Foto: Sammlung des Autors

tungsfähigeren Antriebsmitteln der Elektroindustrie zum Opfer. Doch für Hugo Junkers war mit der Motorenforschung ein Lebensziel abgesteckt worden, an dem er bis zur Entwicklung des Schwerölmotors in seinem siebzigsten Lebensjahr festhielt. Seine finanziellen Standbeine, die ihm sowohl wirtschaftliche Unabhängigkeit als auch wissenschaftlichen Freiraum schaffen sollten, waren die Beiprodukte der Motorenforschung.

Zunächst war es das 1893 patentierte Kalorimeter, ein Messgerät, das in der Junkalor GmbH Dessau mit geringfügigen Modifikationen noch Anfang der 1990er-Jahre im Fertigungsprogramm stand. Es entstand aus der Notwendigkeit, den Heizwert des Gases zu messen. Junkers löste diese Aufgabe durch kontinuierliche Übertragung der vom Gas entwickelten Verbrennungswärme auf einen Wasserstrom. Diese Erfindung reichte jedoch über den Rahmen einer Messvorrichtung hinaus und löste eine ganze Kette von Nachfolgeerfindungen aus, die den Namen Junkers erstmals einer größeren Öffentlichkeit bekannt machten. Das neue Prinzip der Wärmeübertragung kam im gasbeheizten Wassererhitzer zur Anwendung, was eine völlige Umwälzung im Bau der Gasbadeöfen, der Warmwasser-Erhitzer und schließlich auch der Luftbeheizung und Entlüftung zur Folge hatte. Diese Erfindung führte zwischen 1893 und 1913 zu weiteren Junkers-Produkten, die einerseits Maschinenbedürfnisse befriedigten und andererseits zu einem Massenbedarfsartikel wurden, mit dem echte zivilisatorische Bedürfnisse breitester Kreise des Volkes erfüllt werden konnten. Die Ausstattung der Haushalte in den Zwanzigerjahren mit diesen Geräten, die sich durch einen hohen Gebrauchswert und eine Produktlanglebigkeit auszeichneten, ließ eine Massenproduktion in den 1895 gegründeten Apparatewerken Junkers & Co. (Ico) zu. Diese Firma repräsentierte bis zu ihrem Verkauf an die Boschwerke im Jahre 1932 den blühendsten und profitabelsten Zweig Junkers'scher Industrieunternehmungen. Das seinerzeit von Junkers für diese Gerätegruppen entwickelte Funktionsprinzip erwies sich als so unverwüstlich, dass es noch heute im Fertigungsprogramm der führenden Unternehmen auf dem Gebiet für Gasheizungsanlagen enthalten ist.

Für die Art und Weise Junkers'schen Erfindungsstils war der Vorgang ebenfalls exemplarisch: die Entwicklung einer ganzen Erzeugnisgruppe, deren Prinzip auf denselben Grunderkenntnissen der Strömungslehre und des Wärmeaustausches zwischen gasförmigen und flüssigen Wärmeträgern beruhte. Hier war durch eine wesentliche Grunderkenntnis ein sich multiplizierender Anwendungsbereich erschlossen worden, der

Links: Prüflabor für das Präzisions-Laborkalorimeter in der Warmwasser-Apparatefabrik „Junkers & Co." Dessau, 1895
Foto: Sammlung des Autors

PATENT-URKUNDE

№ 71731.

Auf Grund der angehefteten Beschreibung und Zeichnung ist durch Beschluss des Kaiserlichen Patentamtes

an Hugo Junkers, Ingenieur, in Dessau

ein Patent ertheilt worden.

Gegenstand des Patentes ist:

Kalorimeter.

Gesetz v. 7. April 1891

Anfang des Patentes: 29. Juni 1892.

Zu Urkund der Ertheilung des Patentes ist diese Ausfertigung erfolgt.

Berlin, den 18. November 1893.

Kaiserliches Patentamt.

Bureau-Vorsteher des Kaiserlichen Patentamtes.

Patenturkunde für das Junkers-Kalorimeter vom 29. Juni 1892

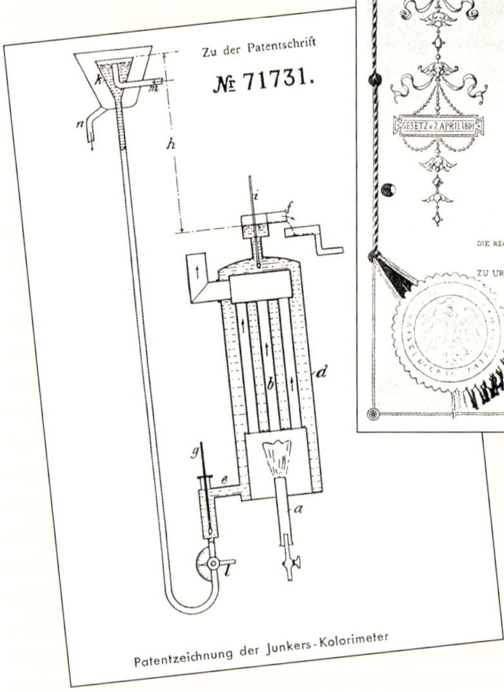

Patentzeichnung der Junkers-Kolorimeter

Prinzip eines Kalorimeter-Messgerätes

Dem fertigen Junkers-Erzeugnis, gleich ob Flugzeug, Wärmeaustauschgerät, Motor oder Messgerät, ist eine jahrelange wissenschaftliche Ingenieurarbeit sowie exakte praktische Erforschung der physikalischen und chemischen Vorgänge vorausgegangen. So auch beim Kalorimeter, einem Messgerät zur Heizwertbestimmung brennbarer Gase.

Der Wirkungsgrad wird ermittelt, indem man die bei der Verbrennung des Gases frei werdende Wärme misst, die an einen ständig fließenden Wasserstrom übertragen wird. Bei dem automatisch arbeitenden Messgerät bleibt das Verhältnis von Wasser- (W) zur Gasmenge (G) in der festgelegten Zeiteinheit konstant, d.h. es wird unveränderlich gemacht. Somit kann der Heizwert direkt proportional der Temperaturerhöhung (td) des Wassers gemessen werden. Durch Multiplikation der Temperaturerhöhung (td) mit diesem konstanten Quotienten (W/G) erhält man daher ohne Weiteres den Heizwert des brennbaren Gases. Durch Ablesen auf der Skala ist der jeweilige Heizwert erkennbar.

Als Nebenprodukt des Messverfahrens fällt stets heißes Wasser an, was Prof. Junkers 1894 zu einem weiteren Erzeugnis inspirierte, dem Warmwasser-Durchlauferhitzer, weltweit als „Junkers-Therme" bekannt.

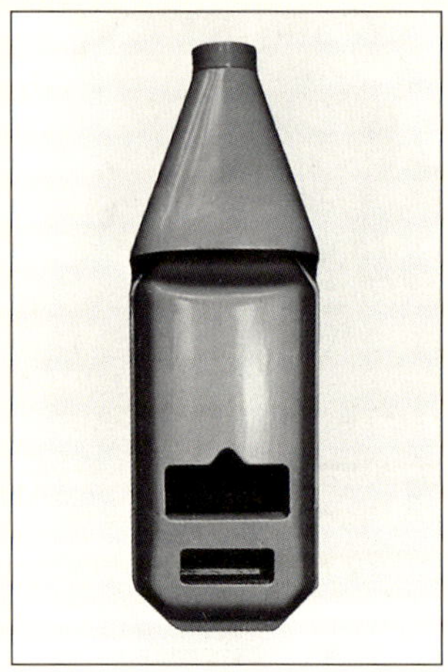

Modell einer Gastherme, die Hans Przyrembel, Metallwerkstatt des Bauhauses, für Junkers 1928 entwarf

Fotos: Sammlung des Autors

ständig vervollkommnet und verbessert wurde. In Hugo Junkers' wissenschaftlich-technischem Erfahrungsschatz stellten Strömungslehre und praktisch gewonnene Erkenntnisse in Bezug auf Leichtbau, Konstruktion und Bearbeitung dünner Bleche nunmehr Werte dar, die von ausschlaggebender Bedeutung in seinem weiteren Schaffen werden sollten. Der Weg zum künftigen Metallflugzeugbau und zum Metallhaus war zu diesem Zeitpunkt bereits geebnet.

Ursprünglich war sein Konzept eindeutig darauf gerichtet, Erfindungen nicht selbst industriell zu verwerten, sondern sie als Patentgeber für sich nutzbringend zu machen. Die Mauer des Unverstandes, des Desinteresses und der Ablehnung, auf die er jedoch bei der Ideenverwertung seiner Wassererhitzer stieß, veranlasste ihn, die industrielle Fertigung in eigene Hände zu nehmen. Auf diese Weise konnte er den Kreis schließen: von der Idee über die Erfindung zum Patent und vom Probegerät bis hin zur industriellen Serienfertigung. Auch der Vertrieb, die produktorientierte Reklame, Service mit Kundenbetreuung, Einhaltung hoher Qualitätsstandards waren wesentliche Aspekte im Gesamtkonzept von Junkers. Erfahrungen dieser Art prägten sich ihm nachhaltig ein und bestimmten künftig seine Erfinder- und Unternehmerstrategie. Unter diesem Gesichtspunkt betrachtet, waren die Junkers-Werke in erster Linie Denkfabriken und technische La-

Oben: Ob Weltausstellung oder internationale Messen – stets erhielten die Gas-Apparaturen von Prof. Junkers höchste Auszeichnungen in Form von Ehrenurkunden, Medaillen und Plaketten. Ein Zeichen, wie bedarfsorientiert, benutzerfreundlich und innovativ Junkers-Erzeugnisse in ihrer Zeit beim Käufer ankamen. Die sprichwörtliche Junkers-Qualität galt weltweit als ein anerkanntes Gütesiegel.

Foto: Sammlung des Autors

boratorien, wie es Reichspräsident Friedrich Ebert während seines Besuches bei den Junkers-Werken in Dessau am 6. Dezember 1922 treffend formulierte (siehe Eingangszitat zum Vorwort).

Zu dieser Erkenntnis kam zweifelsfrei jeder Besucher der Dessauer Junkers-Werke, der während einer Firmenbesichtigung mit offenen Augen durch die Werkstätten ging und die dort vorherrschende schöpferisch anregende Arbeitsatmosphäre spüren und in sich aufnehmen konnte. Die Russin Larissa Reisner, sie zählte neben John Reed, Egon Erwin Kisch und F. C. Weiskopf zu den Meistern der künstlerischen Reportageliteratur, schrieb 1923 nach einem Besuch der Junkers-Werke: „Junkers ist ein Gelehrter von reinstem Wasser. Die Luftverkehrslinien sind für ihn letzten Endes ebenso notwendig wie der Ofen in seinem Laboratorium. Er macht sie, um die Kosten seiner Versuche zu decken, ohne sich über die ungeheure politische Bedeutung der von ihm geschaffenen internationalen Organisation im Klaren zu sein. Natürlich gibt er seinen Kontrahenten mehr als sie ihm. Aber was bedeutet Geld, verglichen mit jener Injektion von Wissen, Erfahrung und Organisation, die er der Welt einspritzt!

Aber nicht in neuen Luftlinien, nicht in Reisebüros und Flugplätzen, nicht einmal in den großen Gebäuden der weltberühmten Flugzeugwerke in Dessau steckt die lebendige Wurzel des Ganzen. Junkers' Herz schlägt verborgen in dem unansehnlichen einstöcki-

Oben links: In der Zeit des Ersten Weltkrieges kam es ab 1915 auch in den Junkers-Werkstätten verstärkt zum Einsatz der „berufstätigen Frau". Trotz Maschinentechnik war es meistens eine schwere körperliche Arbeit. Dem Rechnung tragend, wurden in den Junkers-Werken zusätzliche soziale Einrichtungen wie Kindertagesstätten, ärztliche Betreuung, Seelsorge, Betriebsessen, Kassen der gegenseitigen Hilfe zur Linderung finanzieller Härtefälle, aber auch Schonarbeitsplätze eingerichtet.
Foto: Sammlung des Autors

Oben rechts:
Viele Maschinen in den Junkers-Werken wurden über Transmissionsriemen angetrieben. Die Arbeit an ihnen verlangte stets hohe Aufmerksamkeit, um Unfälle zu vermeiden.
Foto: Sammlung des Autors

gen Häuschen, das abseits von den geschäftigen Büros ... und abseits vom Flugplatz liegt, den der Wind der Propeller glatzköpfig gemacht hat. Es ist das wissenschaftliche Forschungsinstitut, chemisches Laboratorium und Archiv. Kenner wollen wissen, dass es in Europa nichts Ähnliches gibt.

Die ganze hier aufgestapelte wissenschaftliche Arbeit gründet sich auf tiefstem Misstrauen zum Material. Das Laboratorium der Junkers-Forscher ist eine Arena, wo Metalle gleich Champions um die Weltmeisterschaft kämpfen. Jedes kann am Wettstreit teilnehmen: Erzeugnisse der bekanntesten Firmen und unsichere Neulinge, die den Markt zum ersten Mal betreten. Der stolze Krupp-Stahl hat seine Zuverlässigkeit jeden Tag von Neuem nachzuweisen. Jeder beliebige, von der Straße aufgelesene Konkurrent hat das Recht, diesen Champion herauszufordern und gegebenenfalls in die Schranken zu fordern. Ein Metall, das in Junkers' bescheidenem Laboratorium seine Reifeprüfung erlangte, hat seine Karriere gemacht.

So hat sich im Laufe der Jahre ein wissenschaftliches Material von unschätzbarem Wert angesammelt. Lange Zahlenreihen und genaue Versuchsprotokolle schwellen zu einer großen Bibliothek heran. Hervorragend ausgebildete Gelehrte arbeiten an der Systematisierung der Experimentalergebnisse. Ehe der junge Praktiker an die Arbeit geht, studiert er die vorhandene Literatur. Er stellt sich auf die Schultern seines Vordermanns. Auf diese Weise vollziehen die Junkers-Werke eine Auslese von Menschen, die den selbstständigen Gedanken nicht fürchten.

Vor großen vertikalen Zeichenbrettern stehen Konstrukteure in weißen Mänteln – dort vollzieht sich auch die Taufe der neu geborenen Ideen. Ein pflichtbewusster Beamter stellt der neuen Idee dann sogleich einen Geburtsschein aus, sobald ihr schwerer Kopf durch das leichte Gewebe der Zahlen und Formeln hindurchzuschimmern beginnt. Als der begabteste junge Ingenieur gilt allgemein ein ehemaliger Arbeiter, ein Geselle, der seine sämtlichen diplomierten Kollegen überholt hat."

Über seine technischen Neuerungen, wie Hugo Junkers seine Produktentwicklungen – gal ob Messgerät, Warmwasser-Erhitzer, Wärmeaustauscher, Motor, Flugzeug oder Metallarchitekturen – bezeichnete, äußerte er sich einmal in ironischer Selbstkritik. Während einer

Diskussion auf die hohen Junkers'schen Qualitätsparameter angesprochen, meinte er mit einem Augenzwinkern: „Meine Erzeugnisse haben nur einen Fehler, die Biester halten zu lange!"

Dabei ging es Hugo Junkers nicht ausschließlich darum, perfekte und langlebige Erzeugnisse zu schaffen, sondern er wollte mit diesen technischen und wissenschaftlichen Neuheiten der Menschheit dienen. Sven Hedin, der bekannte Asienforscher und Schriftsteller aus Schweden, der mit Junkers korrespondierte und ihn auch in Dessau besuchte, beschrieb dieses ethische Anliegen in seinem im Jahre 1938 erschienenen Buch „Fünfzig Jahre Deutschland": „Der Endzweck von Junkers' unermüdlichem Streben war nicht, in erster Linie ein vollkommenes Flugzeug und einen zuverlässigen Motor herzustellen. Sein Ziel lag höher. Das vollkommene Flugzeug war für ihn nur Mittel, die Völker der Erde einander näher zu bringen. Für ihn gab es keinen Unterschied zwischen Völkern und Nationen. Alle waren Menschen, die unter verschieden Bedingungen auf derselben Erde lebten und arbeiteten.

Während der technische Professor und der geniale Ingenieur die Kraft ihrer Gehirne und Gedanken bis zum Äußersten anspannten, um die kleinsten Einzelheiten im Motor oder in der Konstruktion des Ganzmetallflugzeuges und seinen Tragflächen zu verbessern, spähte seine Seele nach dem Traumland der Zukunft, das er in der Ferne ahnte. Er war Philosoph, Menschenfreund, Träumer, Held und Prophet und dazu ein tiefer und wahrer Christ. In Wirklichkeit arbeitete er nicht an der Vollendung seiner Maschinen, sondern für die Menschheit und für Gott."

Unten: Im Junkers-Motorenbau gab es eine Reihe von Hilfsvorrichtungen und Zusatzgeräten wie die Junkers-Wasserwirbelbremse, ganz rechts im Bild, um dadurch die Arbeitsabläufe zu vereinfachen und rationeller zu gestalten.

Foto: Sammlung des Autors

Die Forschung

Vom Professor in Aachen zur eigenen Forschungsanstalt

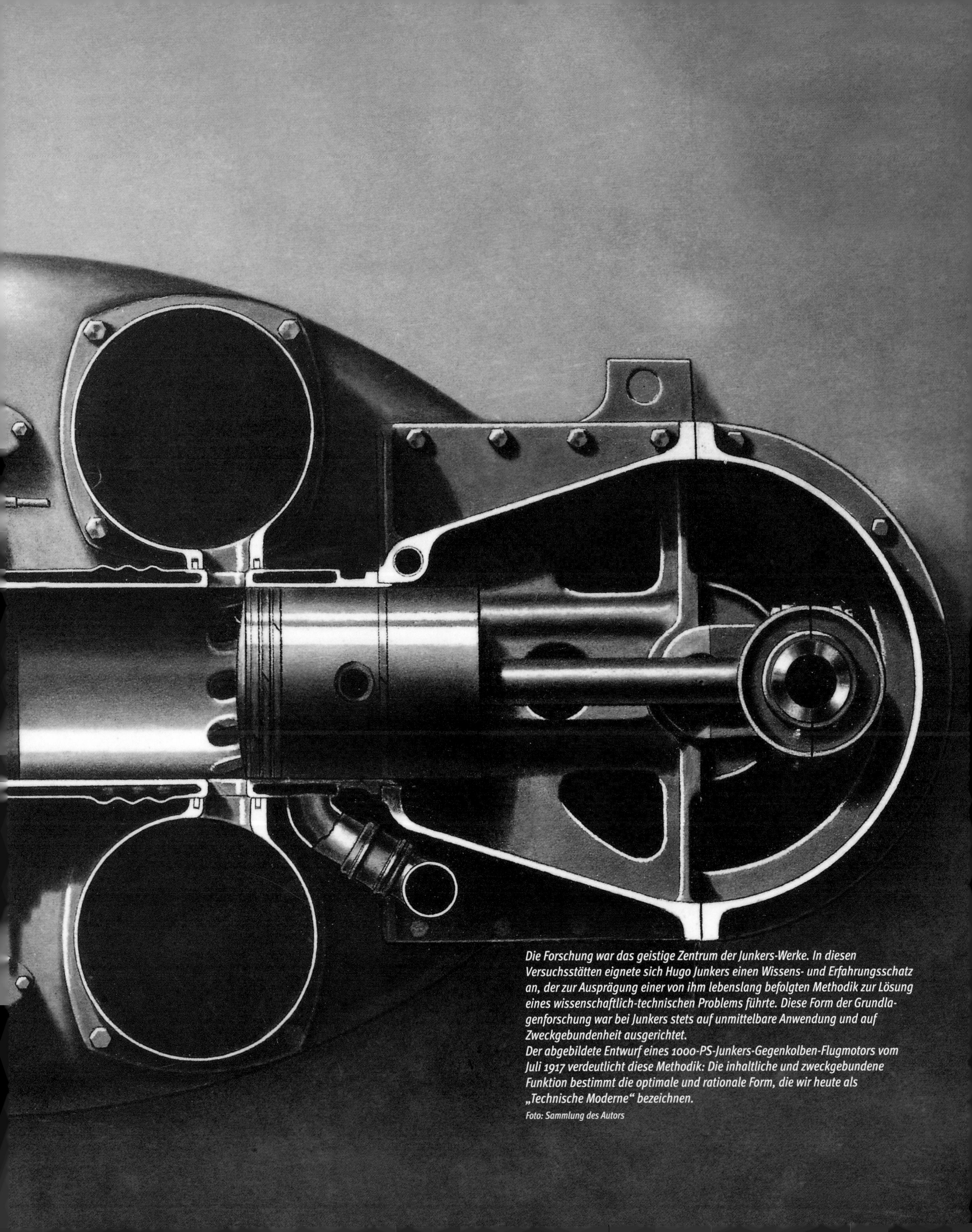

Die Forschung war das geistige Zentrum der Junkers-Werke. In diesen Versuchsstätten eignete sich Hugo Junkers einen Wissens- und Erfahrungsschatz an, der zur Ausprägung einer von ihm lebenslang befolgten Methodik zur Lösung eines wissenschaftlich-technischen Problems führte. Diese Form der Grundlagenforschung war bei Junkers stets auf unmittelbare Anwendung und auf Zweckgebundenheit ausgerichtet.
Der abgebildete Entwurf eines 1000-PS-Junkers-Gegenkolben-Flugmotors vom Juli 1917 verdeutlicht diese Methodik: Die inhaltliche und zweckgebundene Funktion bestimmt die optimale und rationale Form, die wir heute als „Technische Moderne“ bezeichnen.
Foto: Sammlung des Autors

Oben: Die Rheinisch-Westfälische Technische Hochschule Aachen war von 1881–1883 Hugo Junkers' Studienort. Auch einen Teil seiner Praktikantenzeit absolvierte er in Aachen. Zwischen 1897 und 1912 lehrte er als ordentlicher Professor für Thermodynamik an der Technischen Hochschule Aachen. Parallel leitete er das neu eingerichtete Maschinenlaboratorium.
Foto: Sammlung des Autors

Im Jahr 1897 war Hugo Junkers 38 Jahre alt, im Besitz eines guten Dutzend Patente, einer zunehmend florierenden Fabrik und eines guten Rufes. Er war das, was man in bourgeoiser Behäbigkeit einen gemachten Mann nannte, der sich als Selfmademan nun dahin begeben konnte, die Früchte seiner und anderer Arbeit behaglich zu genießen. Doch löste er diese Erwartungen nur zum Teil ein. Er heiratete zwar in diesem Jahr die einzige Tochter eines bekannten Dessauer Gymnasialprofessors – aus der Ehe gingen zwölf Kinder hervor –, allein wo andere seiner Branche an Gewinn und Profit dachten, begann in den Augen von Junkers erst das wirkliche Leben, dem er sich, finanziell gesichert, nunmehr zuwenden wollte. Am 22. Juni 1897 empfahl der Rektor der Technischen Hochschule Aachen dem preußischen Ministerium der geistlichen, Unterrichts- und Medicinal-Angelegenheiten, den Ingenieur Hugo Junkers zum Leiter des neu geschaffenen Maschinenlaboratoriums zu berufen, dessen Bildung am 12. Mai 1897 bewilligt worden war. In Konkurrenz standen mit Junkers der Dortmunder Professor Otto Köhler und der Dozent Eugen Mayer aus Hannover. Dass der Rektor den nicht akademisch graduierten Junkers bevorzugte, spricht entweder dafür, dass sich Junkers bereits einen über seinen Dessauer Wirkungskreis hinausreichenden Namen gemacht hatte, oder aber seine langjährigen Verbindungen zum Lehrkörper der Technischen Hochschule Aachen gaben den Ausschlag. Möglich ist aber auch, dass der Lehrkörper in Aachen zugunsten Junkers entschied, weil er einen Praktiker für weitaus befähigter hielt, jenes Amalgam von praktischem Unterricht und wissenschaftlichem Versuch herzustellen – wie er im Maschinenlaboratorium realisiert werden sollte –, als einen akademischen Forscher.

Das Lehrgebiet von Junkers – so am 20. Dezember 1897 festgeschrieben – sah vor, dass er Vorträge über die Theorie und Konstruktion von Messinstrumenten für den Maschinenbau sowie über die Methoden der Messung halten sollte. Des Weiteren hatte er Übungen über das Aufstellen und Auseinandernehmen von Maschinen und Aggregaten sowie die Prüfung von Materi-

Rechts: Werbeblatt mit den Auszeichnungen für Junkers-Apparate, 1904
Foto: Sammlung des Autors

alien hinsichtlich ihrer Festigkeit und Elastizität durchzuführen, verbunden mit der Handhabung und Prüfung von Messinstrumenten sowie metrischen und kalorimetrischen Untersuchungen. Er machte dort – seit seiner Berufung am 13. September 1897 zum etatmäßigen Professor – also genau das, woran er seit 1888 in Dessau entwicklungstechnisch (Gasmotor, Durchlauferhitzer, Gas-Wasserheizung) tätig war. Das war für Junkers wohl auch der ausschlaggebende Grund, seine Karriere als Industrieller mit der eines in Staatsdiensten stehenden Professors zu verbinden. Überdies wird ihn die Aufgabe gereizt haben, das Maschinenlaboratorium nach neuesten Erkenntnissen einrichten und aufbauen zu können. Die kommenden acht Jahre in Aachen verliefen gegenseitig zu höchster Zufriedenheit. Junkers füllte die ihm übertragene Aufgabe mehr als aus. Er war dynamisch und aktiv, belebte durch seine Tätigkeit den Lehrkörper, kam – obwohl ohne großes Redetalent – durch seine praktische Besessenheit bei den Studenten an. Er baute das Laboratorium nach neuestem Erkenntnisstand auf und fügte sich auch dem Gestus und Duktus der Lehranstalt. Aus der Sicht der Studierenden galt Prof. Junkers wohl als ein anspruchsvoller Lehrer, der den lernbegierigen Studenten etwas zu geben vermochte. Sein damaliger Assistent des Maschinenlaboratoriums und späterer Leiter der Dessauer Windkanäle Philipp von Doepp beschrieb diese praktischen Laborversuche: „Junkers hatte ... einen Lehrgang eingeführt, welcher sich grundlegend vom sonst Üblichen unterschied. Sonst bestehen die Übungen meist ... darin, dass die Studierenden – in größeren Gruppen unter der Leitung eines Assistenten – sogleich größere Maschinen, Dampfkessel und dergleichen zu untersuchen haben, wobei die eigentliche Arbeit dem Assistenten zufällt. ... In Aachen mussten dagegen die Studierenden – in kleine Gruppen unterteilt – vorher noch eine ganze Reihe von technischen Untersuchungen durchführen, die mit den denkbar einfachsten begannen und allmählich zu immer schwierigeren aufstiegen. Die erste Übung war zum Beispiel nichts weiter als die Eichung einer alten, verrosteten Federwaage, dann kam die Untersuchung eines Kochkessels über einer Gasfeuerung usw., bis zu guter Letzt auch Untersuchungen eines Dampfkessels, einer Dampfmaschine und eines Gasmotors die Krönung des Lehrganges wurden."

Links: Während der Vorbereitung des 70. Geburtstages von Hugo Junkers am 3. Februar 1929 entstand dieses Familienfoto durch den bekannten Fotomeister und Lichtbildner Hugo Erfurth aus Dresden. Von links nach rechts: Günter (1915), Heinz (1910), Anneliese (1900), Klaus (1906), Ruth (1903), Gudrun (1916), Therese Junkers (1876), Dorotheé (1920), Erhard (1908), Hugo Junkers (1859), Hertha (1899), Ilse (1905), Luise (1913). Werner (1902), der älteste Sohn der Familie, war im Juni 1923 bei einem Forschungsflug mit einer Junkers F 13 in Aracati, Brasilien, tödlich verunglückt.

Foto: Sammlung des Autors

Oben: Zwei Junkers-Doppelkolben-Schwerölmotoren vom Typ M 12 und M 15 in Tandemanordnung, beide Maschinen Baujahr 1911
Foto: Sammlung des Autors

Die Studenten waren von dieser konsequent logisch aufgebauten Lehrmethodik angetan. Prof. Hugo Junkers begründete seine Lehrmethode gegenüber der Hochschulleitung und dem Ministerium mit der Feststellung: „dass die Studierenden sich die persönlichen Eigenschaften aneignen, die für ein technisches Schaffen besonders in leitender Stellung in erster Linie verlangt werden. Zu diesen Eigenschaften rechnen Beharrlichkeit und Ausdauer in der Überwindung von Schwierigkeiten, die Fähigkeit, die Aufgabe richtig zu erfassen und systematisch durchzuführen, das Unterscheiden des Wichtigen vom Unwichtigen, das Kompromissschließen, scharfe Beobachtungsgabe, klares Denken, Ordnungssinn, Verantwortlichkeitsgefühl, Selbstständigkeit, Selbstkritik und schließlich die Fähigkeit, die durchgeführten Arbeiten und Ergebnisse in klarer Weise darzustellen." Kurz zusammengefasst: Es kommt eben nicht darauf an, was untersucht wird, sondern wie es untersucht wird!

Für Junkers war die Aachener Zeit zweifellos einer der wissenschaftlich produktivsten Abschnitte seines Lebens. Die erhaltenen Anregungen waren vielfältig, durch Adolf Wallichs kam er mit den amerikanischen Rationalisierungsideen von F. W. Taylor in Berührung. In der Motorenkunde experimentierte er an den verschiedensten Antriebsmitteln, wandte sich dabei endgültig vom Gasmotor ab und dem Dieselmotor zu, der sich durch hohe Leistungsfähigkeit und geringen Brennstoffverbrauch auszeichnete. Die in der Werkstoffkunde und Strömungslehre gewonnenen Erfahrungen schlugen sich nicht nur im Motorenbau, sondern auch in der stetigen Verbesserung und Vervollkommnung seiner in Dessau gefertigten und komplettierten Apparategruppen nieder. Am 23. August 1903 sandte Junkers eine ausführliche Denkschrift an das zuständige Ministerium. Sie gibt einen Einblick in seine wissenschaftlichen und politischen Auffassungen jener Zeit. „Wenn die Technischen Hochschulen ihrer Aufgabe in vollem Umfang gerecht werden wollen, so ist es unerlässlich, dass sie selbst wissenschaftliche Forschungen anstellen, um diejenigen Aufklärungen und Unterlagen zu schaffen, deren der Maschinenbau bedarf, um sich auf wissenschaftlicher Grundlage aufbauen zu können. Solche Forschungen sind vor allen Dingen auf dem physikalisch-technischen Gebiet erforderlich, in denen eine Reihe wichtiger Vorgänge in den Maschinen und sonstigen technischen Konstruktionen der näheren Aufklärung dringend bedarf und für die genaue wissenschaftliche Behandlungen und Werte ermittelt werden müssen."

Hugo Junkers erhielt die gewünschten finanziellen Mittel für seine Motorenforschung, die ihren Niederschlag in seinem 1907 patentierten Gegenkolben-Schwerölmotor (Diesel) fanden. Ein Ziel, das eine wichtige Etappe auf dem Weg der Junkers-Motorenforschung darstellen sollte. So charakterisiert die Errichtung der „Versuchsanstalt Professor Junkers" 1907 in Aachen die logische Konsequenz und Folgerichtigkeit seiner Überlegungen und schöpferischen Arbeit.

Die Methodologie der Junkers-Forschung

Am Beispiel der Entwicklung und der konstruktiven Gestaltung der Junkers F 13 umriss Prof. Otto Mader in einem achtseitigen Aufsatz unter dem Titel: „Betrachtungen über den Flugzeugbau", 1924 in der Zeitschrift des Vereins Deutscher Ingenieure veröffentlicht, die aerodynamischen und statischen Grundfragen des modernen Flugzeugbaus. Dabei charakterisierte er auf anschauliche Weise das Flugzeugbau-Programm von Hugo Junkers. Prof. Mader bezeichnete das Flugzeug als einen „Kompromiss", in dem mehrere physikalische Größen miteinander eine Symbiose bilden. Aerodynamik, Werkstoffkunde in der Statik der Konstruktion im Motoren- und Zellenbau sowie die technischen Geräte zur Navigation und Steuerung müssen ausschließlich darauf gerichtet sein, den Menschen während seines Fluges sicher und zuverlässig in seiner Sinneswahrnehmung und Reaktionsfähigkeit zu unterstützen. Aufgabe und Ziel des Flugzeugbaus bestand nach seiner Ansicht folglich darin, das Zusammenwir-

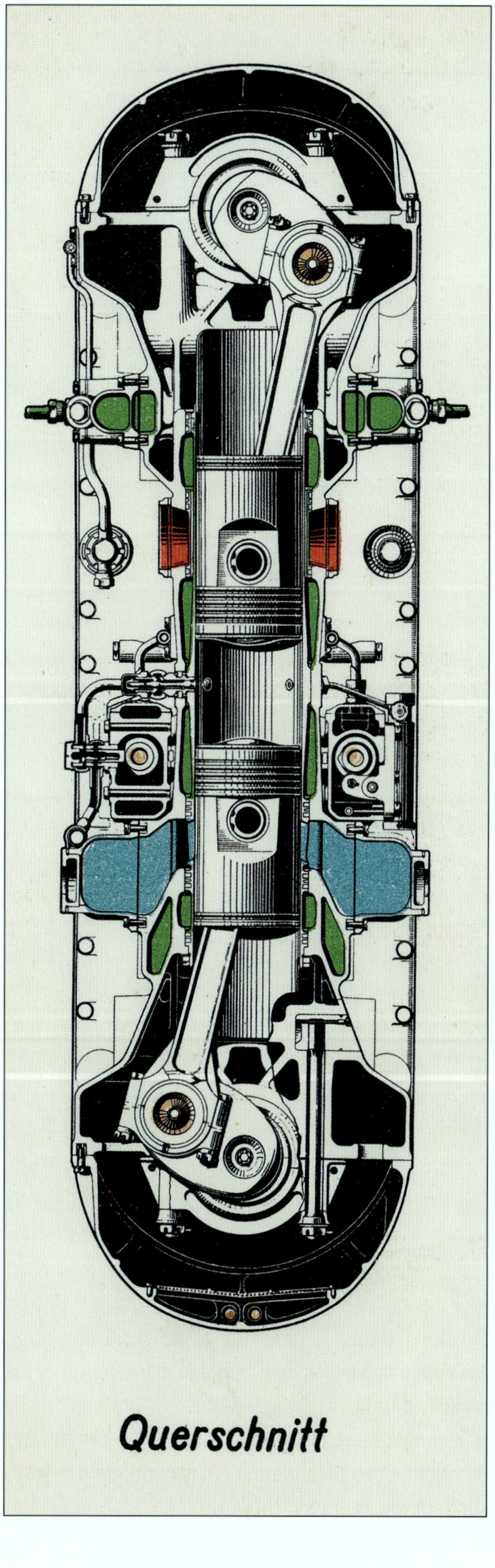

Links: Querschnittzeichnung eines Junkers-Doppelkolbenmotors nach dem Patent von 1890. Bei dieser gegenläufigen Kolbenanordnung in einem Arbeitszylinder erhöhte sich nicht nur der Wirkungsgrad der Maschine, sondern sie reduzierte auch wesentlich den Materialverschleiß.
Foto: Sammlung des Autors

ken dieser physikalischen Wissenschaftsbereiche ständig zu optimieren, um ihn dem jeweiligen Forschungsstand anzupassen.

Durch diesen Erkenntnisprozess sollten bei Junkers Flugzeuge entstehen, die nicht nur einen geringen Luftwiderstand mit einem optimalen Auftrieb aufwiesen, sondern auch im funktional-technischen, konstruktiven und technologisch-logistischen Sinne auf der Höhe ihrer Zeit stehen sollten. Doch ist jede dieser Kenngrößen variabel und unterliegt somit Veränderungen. Dadurch eröffnen sich neue Wege und Richtungen in der Flugzeugforschung. Es macht diese sogar notwendig, denn bei jeder Neuentwicklung müssen die aktuellsten Forschungsergebnisse und -erkenntnisse aus all den erwähnten Wissenschaftsbereichen abgerufen und berücksichtigt werden.

Dieser Prozess der Optimierung von Forschungsleistungen setzt eigene Leistungen auf den Gebieten der Grundlagenforschung voraus. Nur so ist ein Unternehmen befähigt und in der Lage, innovativ tätig zu sein, um dadurch einen Marktvorsprung zu erreichen. Das Ergebnis fällt umso größer aus, je konsequenter und zielgerichteter das Unternehmen jede dieser Vorgaben beachtet.

Mit diesem Aufsatz verfolgte Prof. Mader das Ziel, die Methodologie der Junkers-Forschung aufzuzeigen. Gleichzeitig gelang es ihm, die betrieblichen Strukturen des Junkers-Konzerns in ihrer Entwicklung und ihrer wirtschaftlichen und logistischen Vernetzung untereinander darzustellen. Somit bestand die Möglichkeit, die vielseitige Nutzung bzw. Umsetzung von Junkers-Patenten in den verschiedenen Junkers-Unternehmen besser zu erkennen bzw. zu erfassen. So konnte z.B. eine verbesserte Wärmeübertragung durch die Entwicklung der Junkers-Lamellenbauweise und ihr Einsatz bei Junkers & Co. und im Junkers-Kaloriferbau erreicht werden, doch ermöglichten auch die dabei gewonnenen Erkenntnisse bezüglich ihrer konstruktiven Festigkeitswerte den Einsatz der Lamellenbauweise im Ganzmetall-Flugzeugbau und im Junkers-Stahlbau.

Unten: Eine exakte und kontinuierliche Forschung und Materialprüfung bildeten die Grundlage der sprichwörtlichen Junkers-Qualität, wie das Werbeblatt von 1928 verdeutlicht.
Foto: Sammlung des Autors

Bei all seinen wissenschaftlich-technischen Forschungen verfolgte Hugo Junkers stets das Prinzip der Praxisbezogenheit: Jede Neuerung hat einem wirtschaftlichen Ziel zu dienen. Nichts war dem Zufall überlassen oder eine rein theoretische Frage. Eine Erfindung wurde nicht um ihrer selbst willen gemacht, sondern hatte die praktische Zielstellung, technische Probleme unter Beachtung wirtschaftlicher Gesichtspunkte in einzelne Schritte zu zerlegen und diese zu untersuchen. Erst nach Abschluss der Teiluntersuchung und Auswertung der Ergebnisse als eine Form der Primärforschung folgte der nächste Schritt. Forschungsergebnisse wurden nur dort verallgemeinert und in dem Maße zusammengefasst, wo es für die praktische Lösung als notwendig erschien. Diese grundlagenbezogene Zweckforschung ermöglichte Junkers z.B. die Flugzeugentwicklung nach den oben genannten Kriterien vorurteilsfrei zu untersuchen. Nur so ist innovative Forschung möglich.

Zur Realisierung dieser Maxime bedurfte es wesentlicher Voraussetzungen für die geistig-schöpferische Arbeits- und Lebensatmosphäre. Daher führte Junkers ein modernes Modell der Menschenführung in seinen Betrieben ein, das vielfältige Formen der Aus- und Weiterbildung einschloss. Jeder Beschäftigte sollte so eingesetzt werden, dass er ein Höchstmaß an Zufriedenheit am Arbeitsplatz erreicht und sich mit seiner Aufgabe identifiziert. So entstand das, was in Dessau noch heute als „Junkers-Geist“ bezeichnet wird.

Engster und zugleich dienstältester Mitarbeiter von Prof. Junkers war Prof. Dr.-Ing. Otto Mader (1880–1944). Als Leiter der Forschungsanstalt, Vorstandsmitglied der Junkers-Werke und Leiter des Junkers-Motorenbau hat Otto Mader durch seine angewandte Forschungstätigkeit dem Flugzeug- und Motorenbau im internationalen Maßstab richtungsweisende Impulse gegeben.
Anfang 1929 gelang es ihm, den weltweit ersten Schweröl-Flugmotor, den Fo-4, zur Serienreife zu führen.
Foto: Gemälde von Walter Einbeck, 1941

Als Unternehmer besaß Prof. Hugo Junkers seine eigene Firmenphilosophie: Eine gute und wirtschaftlich effiziente Produktion erreicht man nur durch „geeignete Organisation, Methoden, Hilfsmittel und besonders geeignete Menschen". Hier zeigt sich der Unternehmer mit seinem „Team" aus Forschung und Fertigung.

Foto: Sammlung des Autors

Auf dem Weg zur Luftfahrt

Der Unternehmer

Bereits während seines Studiums beschäftigte sich Hugo Junkers mit Problemen der Luftfahrt. Angeregt von dem technisch motivierten Zeitgeist der Luftschifffahrt, der progagierte, dass das Fliegen als Verkehrsform der Zukunft auf der Tagesordnung stand, notierte er am 19. August 1885 in sein Tagebuch mehrere „Betrachtungen über die Bedingungen, nach welchen ein Luftschiff zu konstruieren wäre“. Dabei warf Junkers folgende Probleme auf und analysierte diese:

1. Unter welchen Bedingungen der Mechanik wird ein Körper schwebend in der Luft gehalten?
2. Welche Form ist einem Körper zu geben, um bei einer gewissen Geschwindigkeit eine möglichst schwebende Kraft zu entwickeln?
3. Welches sind die geeignetsten Antriebsvorrichtungen für ein solches Luftschiff?

„Ein Körper wird dadurch in der Schwebe gehalten, dass der auf ihn wirkenden Schwerkraft ein gleich großer Gegendruck entgegenwirkt. Dieser Druck kann nur durch einen Widerstand hervorgerufen werden. Letzterer kann nun durch feste oder durch flüssige resp. gasförmige Körper geliefert werden. Es ist nun zu untersuchen, unter welchen Gesetzen dieser Widerstand von den luftförmigen Körpern (resp. flüssigen) gebildet wird, um festhalten zu können, unter welchem geringsten Maß von Arbeitsaufwand ein Körper in der Schwebe erhalten werden kann. Hierbei ist zu untersuchen, ob sich für diesen eigentümlichen Arbeitsaufwand ein bestimmter mechanischer Begriff einführen lässt, ähnlich dem Begriff ‚Arbeit‘ als Produkt aus Kraft mal Bahn in der Richtung der Kraft. Vielleicht lässt sich unter Beibehaltung der Bezeichnung ‚Arbeit‘ dieser Begriff verallgemeinern, sodass der Begriff der mechanischen Arbeit nur als ein spezieller Fall erscheint.

Das Luftschiff muss ähnlich wie ein Wasserschiff so beschaffen sein, dass die Luft ohne Stoß zerteilt wird und desgleichen wieder zusammengeführt wird. Der Widerstand des Luftschiffes setzt sich zusammen aus:

• der Adhäsion an den Wandungen;
• dem durch den infolge der Zerteilung und der Reibungswiderstände entstehenden Luftwirbel stattfindenden Kraftverlust;
• dem Arbeitsaufwand zum Heben des Schiffes (resp. Schweben).

Es drängt sich der Gedanke auf, ob nicht durch Einsaugen oder Ausstoßen der Luft eine vorteilhafte Bewegungsmethode erzielt werden kann. Um für diesen Fall die vorteilhafteste Eintritts- resp. Austrittsgeschwindigkeit der Luft zu ermitteln, wird es sich vielleicht empfehlen, zunächst die Annahme zu machen, dass die Form des Schiffs ein einfaches Rohr ist. Der Querschnitt ... würde mit Rücksicht auf ein möglichst starkes Tragen und leichtes Steigen halbkreisförmig zu gestalten sein ...

Man könnte ein Luftschiff dadurch vorwärts treiben, dass man ... die bei der Ausströmung eines Körpers (Gas usw.) eintretende Rückwirkung benutzt. Um einen möglichst hohen Nutzeffekt hierbei zu erzielen, müsste man das Gas mit derselben

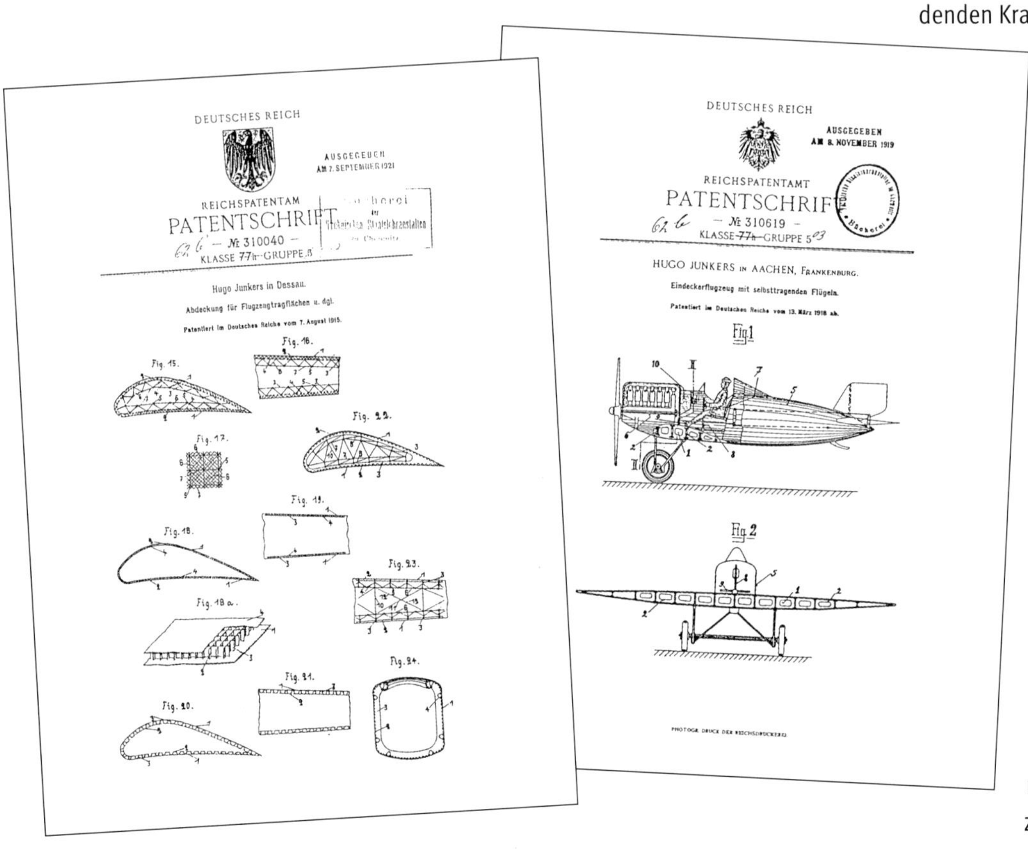

Unten: Die Junkers-Patente „Abdeckung für Flugzeugtragflächen u. dgl.“, Patent-Nr. 310040 vom 7. August 1915 (l.) und „Eindeckerflugzeug mit selbsttragenden Flügeln“, Patent-Nr. 310619 vom 13. März 1918 (r.) bildeten die entscheidende Grundlage im Metallflugzeugbau und waren zugleich Basis für weitere Forschungen.
Dokumente: Sammlung des Autors

Geschwindigkeit ausströmen lassen, mit welcher sich das Schiff in der entgegengesetzten Richtung vorwärts bewegt. ... Nun ist aber der zur Erzeugung einer Ausströmgeschwindigkeit gleich der Fahrgeschwindigkeit erforderliche Druck ein sehr geringer. Die einfachste Vorrichtung hierzu wäre wohl wahrscheinlich ein Exhauster. Im Falle, dass ein solcher aber nicht einen genügenden Nutzeffekt abgibt, könnte auch eine besondere Maschine mit in Betracht gezogen werden, welche mit Hochdruck arbeitet und ein Gas unter niedrigem Druck komprimiert."

In dieser frühen und kaum bekannten Schrift umschreibt Hugo Junkers bereits seine künftigen Aufgabengebiete, die ihn als Techniker, Wissenschaftler und Unternehmer Zeit seines Lebens beschäftigen sollten: der Verbrennungsmotor als Antriebsfrage, die Wärme- und Gasanalysenmesstechnik sowie die Leichtmetallbauweise im Flugzeugbau und Bauwesen.

Spätestens 1909 wandte sich Prof. Junkers erneut dem Aufgabenkreis der Luftfahrt zu, doch nun unter dem Gesichtspunkt des Metallflugzeugbaus. Er versprach sich von den Forschungen grundlegende technische und wissenschaftliche Innovationen, von denen

Oben: Blick in die erste Junkers-Flugzeugwerkhalle. Nach dem Bau eines Prototyps, der so genannten Versuchsmaschine, erfolgte die Serienfertigung der Flugzeuge ausschließlich nach technologischen Gesichtspunkten in Form der Reihenfertigung bzw. nach dem Baukastenprinzip.
Foto: Sammlung des Autors

Links: Im Junkers-Windkanal in Aachen untersuchte und vermessene Flügelprofile und Flugmodelle, Zeitraum 1914–1916
Foto: Sammlung des Autors

die Technische Hochschule Aachen für sich in Anspruch nehmen konnte, in Deutschland wesentliche Schrittmacherdienste geleistet zu haben. Die Flüge der Gebrüder Wright im Dezember 1903 in den USA und des Dänen Ellehammer im September 1906 in Europa weckten auch in Deutschland das Interesse für den Motorenflug, der in diesem Lande bislang im Schatten des Luftschiffes gestanden hatte. Professor Hans Jakob Reissner (1874–1967), seit 1906 Mathematiker und Ordinarius für Mechanik in Aachen, zählte zu den wenigen deutschen Hochschullehrern, die sich für den Motorflug nicht nur begeisterten, sondern selbst praktische Versuche unternahmen. 1909 baute er einen Doppeldecker. Zusammen mit Reissner versuchte Junkers, die in dürftigen Kinderschuhen steckende Aerodynamik auf wissenschaftliche Grundlagen zu stellen. Junkers brachte in diese Wissenschaftsehe mit Reissner seine Erfahrungen in der Strömungslehre, seine Werkstoffprüfungsverfahren und seine Kenntnisse in der Metallbauweise ein, überdies sein methodisches Herangehen, das komplizierte Verfahren des Motorfluges in seine einzelnen Bestandteile zu zerlegen, um so zu grundlegenden Erkenntnissen zu gelangen. Das Erste, was beide gemeinsam in Angriff nahmen, war 1910 der Bau eines Luftstromkanals. Junkers' Zuwendung zu dieser Problematik fand ihren ersten Ausdruck in der Anmeldung eines Patentes über eine körperliche Gestaltung der Tragflächen im Dezember 1909. Fälschlicherweise wurde es jahrzehntelang als Patent auf ein Nurflügelflugzeug gedeutet, während es sich tatsächlich nur um einen neuartigen Flügel handelte, der allerdings angesichts der Flugzeugbauweise jener Jahre von revolutionierender Bedeutung war. Er sah anstelle eines Netzes von Verstrebungen und Verspannungen einen freitragenden Großraumflügel vor, der durch seine Profilstärke eine günstige Relation zwischen Auftrieb und Widerstand gewährleisten und zugleich derart beschaffen sein sollte, dass in seinem Inneren alle

Unten: Hinter den starken Mauern der Frankenburg, inmitten einer kleinen reizvollen Parkanlage in der Nähe des Aachener Hauptbahnhofes gelegen, fand Prof. Junkers eine ungestörte Heimstatt für sein Maschinenbau-Laboratorium. Eine Gedenktafel erinnert dort an seine Aachener Hochschulzeit.

Foto: Sammlung des Autors

Die Junkers'sche Flugzeug - Erfindung.

Im Vergleich zu allen anderen vorhandenen sind die Hauptmerkmale der Junkers'schen Flugzeuge, daß die Flügel wie die eines Vogels ohne jede Drahtverspannung frei tragend sind und daß das ganze Flugzeug aus Metall hergestellt ist. Die Vorteile sind:

1. Große Geschwindigkeit,
2. Weitgehendste **Unverwundbarkeit durch Schüsse, da der Junkers'sche Flügel keinen Punkt hat, wo ein Schuß ein Einknicken des Flügels verursachen kann, wie dies bei heutigen Konstruktionen der Fall ist,**
3. **Unverbrennlichkeit, da aus Metall,**
4. **Unabhängig von der Witterung.**

Zur Schaffung dieses Typs war eine sehr bedeutende Anzahl von Versuchen notwendig.

Links: Werbeanzeige über die Vorteile der Junkers-Ganzmetallflugzeuge von 1916

Dokument: Sammlung des Autors

Gegenstände – wie Motoren, Personen, Nutzlasten usw. – Aufnahme finden konnten.

Das am 1. Februar 1910 erteilte und im November 1912 veröffentlichte Patent beruhte auf der Erkenntnis der aerodynamischen Vorzüge von Profilen mit großer Profildicke. Es resultierte sehr wohl – im Gegensatz zu anderslautenden Behauptungen – aus den aerodynamischen Erfahrungen seiner Zeit und seiner Vorläufer. Junkers verfolgte nämlich mit großer Sorgfalt und Intensität die in Koutschino von Shukowski und Kutta, in Paris von Eiffel und Deutsch, in Göttingen von Prandtl, in Lindenberg vom Verein Deutscher Ingenieure und in London vom National Physical Laboratory vorgelegten Veröffentlichungen ihrer Forschungsergebnisse. Gemeinsam mit Reissner unterbreitete er dem Unterrichtsministerium am 10. Juli und am 4. September 1911 den Vorschlag, in Aachen ein solches Laboratorium zu errichten. Den Bemühungen von Reissner und Junkers war es zu danken, dass das Unterrichtsministerium am 24. August 1911 entschied, in Aachen ein Aerodynamisches Laboratorium für 92.000 Goldmark zu errichten, das sich besonders dem Motorflug und dem Flugmotor widmen sollte. Gleichzeitig wurden an den Technischen Hochschulen in Berlin, Hannover, Danzig, Breslau und Aachen Vorlesungen über die Luftschifffahrt eingeführt, die in Aachen Reissner und Junkers bestreiten sollten. Neben der Versuchsstation Prandtls in Göttingen war damit Aachen die Wiege der deutschen aerodynamischen Forschung.

Junkers verließ 1912 die Technische Hochschule Aachen. Doch muss erwähnt werden, dass sein häufiger Wohnungswechsel in der alten Kaiserstadt, gestundet aus den praktischen Motorversuchen, die stets der subtilen Bürgerschaft wegen der zu hohen Lärmbelästigung zu schaffen machten, noch in späteren Jahren im Kreise der Familie Junkers für reichlichen Gesprächsstoff sorgte. So richtig wohlgefühlt hat sich Prof. Hugo Junkers in Aachen hinter den dicken Mauern der in einer kleinen romantisch anmutenden Parkanlage liegenden Frankenburg, einem ehemaligen Rittersitz aus dem 13. Jahrhundert, wo er ungehindert und vor allem ungestört auch laute Maschinenexperimente durchführen konnte.

Zum Abschied erhielt er den Titel eines Honorarprofessors und den Königlichen Kronenorden III. Klasse. Möglicherweise durch den Weggang von Junkers verursacht, wechselte auch Reissner noch im selben Jahr zur Technischen Hochschule nach Berlin-Charlottenburg. Neuer Leiter des Aerodynamischen Laboratoriums wurde im März 1913 Theodore von Kármán (1881–1963), der den Weltruf dieser Institution begründete, ehe ihn der aufkommende Nationalsozialismus mit seinem unverhohlenen Antisemitismus im Dezember 1929 aus Deutschland vertrieb.

Der Technischen Hochschule Aachen, Theodore von Kármán und der Flugwissenschaftlichen Vereinigung Aachen blieb Hugo Junkers stets verbunden. Ebenso verhielt es sich mit seinem Engagement für die 1923 gegründete „Aachener Segelflugzeugbau GmbH“ (SeF).

Die Konstruktionen

Flugzeuge und vieles andere mehr

Eine Junkers-Konstruktion, speziell im Flugzeugbau, besteht aus Holmen, Spanten, Streben und Wellblech, die so miteinander verbunden sind, dass ihr statischer Kräfteverlauf ein günstiges Verhältnis von Nutzlast zu Eigengewicht vorweist. Nach diesem Entwicklungsgrundsatz wurden alle Junkers-Erzeugnisse gebaut.
Auch das Flügelprofil der Junkers G 38 war dementsprechend gestaltet. In ihm konnten gegebenenfalls sogar während des Fluges notwendige Motorreparaturen durchgeführt werden.
Foto: Sammlung des Autors

Oben: Der erste Reklamefeldzug für ein Junkers-Reiseflugzeug – es war die F 13 – begann im Sommer 1919 und ist heute, als Postkarte oder Plakat, ein gesuchtes Sammelobjekt.
Foto: Sammlung des Autors

Im August 1914 reihte sich auch Hugo Junkers in das Millionenheer Deutscher ein, die glaubten, das Kaiserreich führe einen Verteidigungskrieg gegen eine Welt hämischer Feinde, die Deutschland den Platz an der Sonne missgönnten. Doch im Taumel einer ruhmredigen Kriegsbegeisterung wurden alle Zweifel und Skrupel – so sie überhaupt bestanden – hinweggespült. Der Krieg erwies sich für die Junkers'schen Unternehmungen zunächst als Rückschlag. Werkstoffe, die er zur Produktion in der Ico benötigte, wurden rar, die Zahl der Arbeitskräfte sank durch Einberufungen rapide. In Dessau musste sich die Ico auf Kriegsbedarf umstellen, lieferte ein vielfältiges militärisches Warenhausprogramm von Zündern und Zünderteilen, Geschossen und Feldbadewannen bis zu Feldküchen, Kochvorrichtungen, Speiseträgergefäßen und tragbaren Kochkisten.

Der Krieg begünstigte indes vor allem ein anderes Vorhaben von Junkers, mit dessen theoretischen und praktischen Problemen er sich seit dem Abschied aus Aachen beschäftigt hatte: der Bau eines freitragenden und flugfähigen Ganzmetallflugzeuges. Nach dem sogenannten Kriegsschock, der die vorhandenen Flugzeuge restlos für den Krieg aufgezehrt hatte, waren Kommissionen der Heeresverwaltung in ganz Deutschland unterwegs, eine Flugzeugproduktion großen Umfangs aufzuziehen und sich dazu der Mitarbeit jedes irgendwie geeigneten Fabrikanten zu versichern. So stieß man im Spätherbst 1914 auch auf Hugo Junkers. Seine bereits 1911 auf der Internationalen Luftschifffahrt-Ausstellung (ILA) in Frankfurt/Main präsentierten neuartigen Flugmodelle aus dünnwandigem Stahlblech, die anhand praktischer Windkanalversuche entstanden waren, gaben da vermutlich den Ausschlag. Während 1911 die Junkers-Modelle auf der ILA kaum beachtet, ja sogar von Luftfahrtexperten mit der Bemerkung: „Metall kann doch nicht fliegen", belächelt wurden, erhielt er für seine dort ausgestellte neu entwickelte Ganzmetallluftschraube den Kaiserpreis.

So bekam Prof. Junkers den Probeauftrag zur Konstruktion eines metallenen Versuchsflugzeuges. In dem am 12. Dezember 1915 zum Erstflug gestarteten freitragenden Mitteldecker realisierte Junkers erstmals seine bis dahin gewonnenen aerodynamischen und konstruktiven Vorstellungen. Die wichtigsten Merkmale des Flugzeuges waren die dicken Flügel und seine Ganzmetallausführung, wozu Eisenbleche verwendet wurden. Das Flugzeug, als Blechesel in die Fluggeschichte eingegangen, erreichte zwar eine für damalige Verhältnisse hohe Geschwindigkeit von 170 km/h, doch stand dem der bedeutende Nachteil gegenüber, dass es zu langsam stieg. Die Inspektion der Fliegertruppen erteilte Junkers daraufhin einen erneuten Probeauftrag für eine verbesserte Variante der Junkers J 1. Obgleich die Junkers J 2 für den damaligen Flugzeugbau optimal

Rechts: Der Zusammenbau der Junkers J 2 erfolgte 1916 nach dem sogenannten Nestprinzip. Von den sechs gebauten Maschinen gab es zwei Varianten, die sich im Motor und in der veränderten Flügelfläche unterschieden.
Foto: Sammlung des Autors

mit hoher Oberflächengüte durch Glattblechverwendung, selbsttragende Schalenbauweise und den Serienbau begünstigende Sektionsbauweise ausgelegt war, erreichte sie nicht die geforderten taktischen Eigenschaften. Als Nachteil erwies sich hier nicht nur das hohe Eigengewicht, sondern auch die Korrosionsgefahr durch Kondenswasser in den zahlreichen Hohlräumen, namentlich den Tragflächen. Von April 1916 an veränderte Junkers deshalb die Technologie seines Flugzeugbaues durch die Verwendung des seit 1909 in dem Dürener Metallwerk erzeugten Duraluminiums, das sich durch geringes Gewicht und hohe Festigkeit für die Metallbauweise geradezu anbot. Dieser Baustoff aber konnte nicht geschweißt, sondern musste genietet werden. Aus statischen Gründen verwendete Junkers zudem gewelltes Blech. Seit 1916/17 hatte Junkers damit einen Fundus an technisch-wissenschaftlichen Erkenntnissen erworben, der de facto die Basis für die kommenden Flugzeuggenerationen des Dessauer Werkes abgab.

Mit der Junkers J 4, einem zweisitzigen gepanzerten Infanterieflugzeug, von dem 227 Stück gebaut und 189 zum Fronteinsatz kamen, gelang Junkers 1917 der Durchbruch als Fabrikant von Flugzeugen. Kurzfristig kam es auf Veranlassung der deutschen Heeresleitung dazu, dass Hugo Junkers und einer der berühmtesten Konstrukteure des Ersten Weltkrieges, der Holländer Anthony Fokker, am 20. Oktober 1917 die Junkers-Fokker-Aktiengesellschaft in Dessau mit einem Stammkapital von 2,6 Millionen Mark bildeten. Von der hurtigen Genialität eines Fokkers und der stetigen Solidität Junkers'schen Flugzeugbaues versprach sich die deutsche Heeresleitung noch eine Wende im Luftkrieg. So sollte hier eine neue Generation von Kampfflugzeugen auf dem Schlachtfeld erscheinen, die Vorzüge beider Konstrukteure vereinte. Doch die Ehe war kurz, beide Seiten schieden aus ihr ohne Bedauern.

Im Herbst 1918 musste die politische und militärische Führung der deutschen Monarchie ihren Bankrott eingestehen. Die Novemberrevolution erzwang endgültig die Einstellung des Krieges. In den Auseinandersetzungen der Revolution nahm Junkers eindeutig Partei für eine demokratische Neuordnung in Deutschland, zugleich verabscheute er die Methoden des konterrevolutionären Terrors. Am 9. Januar 1919, die Januarkämpfe in Berlin erreichten ihren Höhepunkt, bemerkte er: „Der Kampf darf nicht in einem sinnlos wütenden Zerschlagen alles desjenigen, was der Gegner vertritt, ausgehen. Wenn der politische Kampf fruchtbar sein soll, so muss er vornehm geführt werden, ihm Achtung vor dem Gegner zu Grunde liegen. Das Gute, was er geleistet hat, muss anerkannt werden, es muss sorgsam gehütet werden ... In diesem Bestreben darf man sich auch nicht irremachen lassen

Unten links: Am 24. Mai 1928 erfolgte die Fertigstellung des 1000. Junkers-Flugzeuges, einer G 31 mit der Werk-Nr. 3003.
Foto: Sammlung des Autors

Unten: Ein Dokument aus der Anfangszeit des Junkers-Flugzeugbaus
Foto: Sammlung des Autors

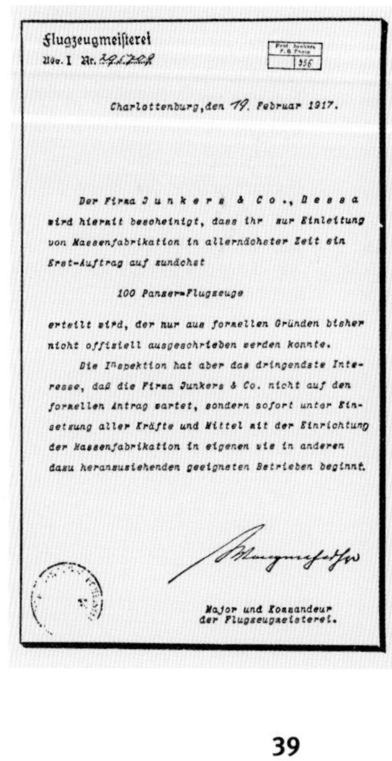

Flugzeugmeisterei
Abt. I Nr.

Prof. Junkers F.B. Photo
356

Charlottenburg, den 19. Februar 1917.

Der Firma Junkers & Co., Dessa wird hiermit bescheinigt, dass ihr zur Einleitung von Massenfabrikation in allernächster Zeit ein Erst-Auftrag auf zunächst

100 Panzer-Flugzeuge

erteilt wird, der nur aus formellen Gründen bisher nicht offiziell ausgeschrieben werden konnte.

Die Inspektion hat aber das dringendste Interesse, daß die Firma Junkers & Co. nicht auf den formellen Antrag wartet, sondern sofort unter Einsetzung aller Kräfte und Mittel mit der Einrichtung der Massenfabrikation in eigenen wie in anderen dazu heranzuziehenden geeigneten Betrieben beginnt.

Major und Kommandeur
der Flugzeugmeisterei.

Oben: Die Junkers-Ganzmetallbauweise im Flugzeugbau revolutionierte alles bisher Dagewesene in der Luftfahrt und setzte neue richtungsweisende Akzente. Daneben veränderten sich auch die Arbeitsweisen und Fertigungsprinzipien. Neuartige Materialien wie das Leichtmetall Duraluminium verlangten neues Denken und vor allem neue technologische Verfahren und Verarbeitungsmethoden. Pionierarbeit war gefragt und in den Junkers-Werkstätten wurde sie realisiert.
Foto: Sammlung des Autors

und muss unbedingt ‚sachlich' bleiben, auch dann, wenn es der Gegner anscheinend nicht oder nicht in gleichem Maße tut. Darin liegt keine Schwäche, sondern überlegene Stärke. Also meine Ansicht geht, kurz zusammengefasst dahin: den Gegner ‚scharf' angehen, aber mit Achtung und ‚Liebe' und nicht mit Hass, dann, nur dann ist Erfolg zu hoffen. Scharf – da wo es sich wie hier um große Interessen (Fragen, Aufgaben) handelt, aber nicht mit Hass, mit Liebe muss der Kampf geführt werden, wenn er fruchtbringend wirken soll."

Beschreiten neuer Wege

Im Gegensatz zu den meisten deutschen Flugzeugindustriellen sah Hugo Junkers 1918/1919 die friedliche Nutzung der Luftfahrt als weitaus wichtiger an als eine geheime Wiederaufrüstung. Mit der am 25. Juni 1919 zum Erstflug gestarteten Junkers F 13 gelang ihm und seinem Konstrukteur Otto Reuter (1886–1922) ein großer Wurf, der für fast zehn Jahre die Richtung des Verkehrsflugzeugbaus international vorbildhaft prägte und zu einem Welterfolg wurde, wie er keinem anderen Flugzeug zuvor beschieden war. Die fliegerischen Leistungen mit der F 13 und die dabei gewonnenen praktischen Erkenntnisse bestärkten Prof. Junkers und seine engsten Mitarbeiter wie Prof. Dr. Otto Mader (1880–1944), Dr.-Ing. Johannes Gasterstädt (1888–1937), die Diplom-Ingenieure Philipp von Doepp, Kurt Erfurth, Ernst Zindel, Karl Plauth, Hermann Pohlmann und Johannes Haseloff in ihrer Arbeit bei der weiteren Entwicklung neuer Flugzeuge im Sinne der friedlichen Weltluftfahrt.

Mit der Junkers F 13 und den in ihrer Nachfolge stehenden Großverkehrsflugzeugen Junkers G 23/24, G 31, G 38 und Ju 53/3m nahm er in den kommenden Jahren der Verkehrsluftfahrt den Nimbus risikoreicher Ungewissheit und unwirtschaftlicher Extravaganz. Durch Tiefdeckerbauweise und Dreimotorenantrieb schuf er Flugzeuge, die größtmögliche Sicherheit und bequeme Unterbringung der Passagiere verbanden. Durch die Metallbauweise konnten Junkers-Flugzeuge hohen Belastungen unterworfen werden, waren feuerfest und

Links: Mit der Junkers F 13 entstand 1919 innerhalb weniger Monate das erste freitragende Ganzmetall-Kabinenverkehrsflugzeug der Welt in Tiefdeckerbauweise. Eine komfortable und heizbare Kabine bot Platz für vier Fluggäste.
Foto: Sammlung des Autors

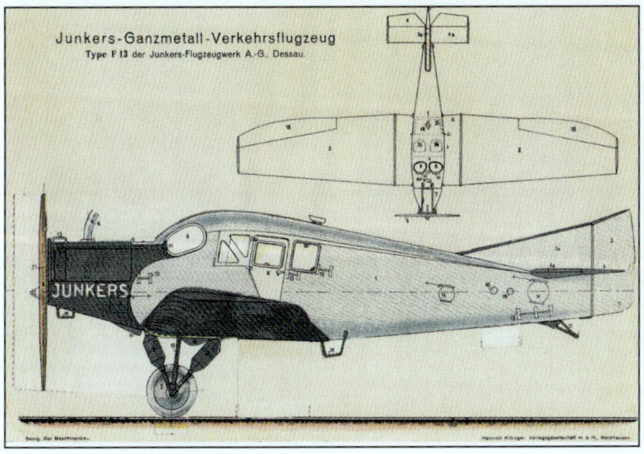

Ganz links: Ein Farbentwurf der Junkers F 13 verdeutlicht das konstruktiv-technisch und qualitativ Neuartige der Junkers-Bauweise im zivilen Flugverkehr.
Foto: Sammlung des Autors

Links: Im Zeichensaal des Dessauer Flugzeugwerkes entstanden unter der Leitung von Dipl.-Ing. Otto Reuter, einem der bedeutensten Flugzeugkonstrukteure seiner Zeit, zukunftsweisende Entwürfe. Auch Ernst Zindel, der Konstrukteur der Ju 52, begann seine Karriere in diesem Zeichensaal.
Foto: Sammlung des Autors

wetterbeständig. Mit dem 1929 zum Einsatz gelangten Schweröl-Flugmotor schließlich verbesserten sich Wirtschaftlichkeit und Reichweite der Flugzeuge auf ein derartiges Niveau, dass sie erfolgreich mit anderen Verkehrsträgern konkurrieren konnten.

Es gab aber auch Rückschläge und harte Auseinandersetzungen im Kampf um Neuerungen und durch Beschränkungen der Siegermächte. So musste auf Weisung der Alliierten das bereits im Bau befindliche Junkers Großflugzeug JG 1 mit vier Motoren von je 260 PS und etwa neun Tonnen Fluggewicht wieder zerstört werden. Durch diese Verordnung reduzierte sich auch das Personal im Junkers-Flugzeugwerk Ende 1921 von 710 auf rund 200 Beschäftigte. Um den Bestand an guten Fachkräften zu halten und um wirtschaftlich weiter bestehen zu können, strukturierte Hugo Junkers seine Produktionskapazitäten kurzfristig auf eine „Konsumgüter-Fertigung“ für Massenbedarf um. Aus Duraluminium hergestellte Essbestecke, Küchen- und Haushaltsgeräte, Koffer, Schlittschuhe, Schränke, Sport- und Motorboote wurden verkauft. Die bei der Fertigung gewonnenen Erfahrungen mit dem Werkstoff „Dural“ sollten sich später im Flugzeugbau auszahlen.

In dieser behördlicherseits verordneten Zwangspause vervollkommnet Prof. Junkers die Materialprüfung und Werkstoffforschung durch neuartige chemische und metallurgische Untersuchungsmethoden, baut seine Forschungsanstalt weiter aus und lässt den Windkanal erweitern, um seine aerodynamischen Arbeiten weiter voranzutreiben. Forschungen, die u.a. zur Einführung des patentierten Junkers-Doppelflügels führten. Durch diese zielgerichteten Maßnahmen gelingt es Junkers trotz aller alliierter Beschränkungen, seinen wissenschaftlichen Vorsprung auf dem Gebiet der Luftfahrt zu festigen und sogar noch weiter auszubauen. Noch unter den sogenannten Begriffsbestimmungen der Alliierten entstehen 1923/24 im Dessauer Flugzeugwerk die ersten dreimotorigen Großverkehrsflugzeuge in Tiefdeckerbauweise, die in ihren Motorleistungen genau den Forderungen der Siegermächte entsprechen.

So ebnete sich Hugo Junkers schrittweise den Weg im Flugzeugbau bis zur viermotorigen G 38, dem größ-

Der US-Fliegergeneral William L. „Billy" Mitchell im Februar 1922 zu Besuch bei Prof. Hugo Junkers im Dessauer Flugzeugwerk
Foto: Sammlung des Autors

Unten: Das Signet der Junkers-Werke, der fliegende Ikarus, als Titel zu Walter Hohmanns Buch: „Die Erreichbarkeit der Himmelskörper" von 1925
Buch: Sammlung des Autors

ten Landflugzeug seiner Zeit, das er im November 1929 in Berlin-Tempelhof offiziell präsentierte. Die Junkers G 38 charakterisiert eine wichtige Zwischenstufe zum geplanten 36 Tonnen schweren Großverkehrsflugzeug J 1000 mit einer Leistung von insgesamt knapp 4.000 PS/2.940 kW, dessen Konstruktion und Modell bereits im Juni 1924 in Vorbereitung zu Junkers' zweiter USA-Reise vorlagen. Kabinen, Cockpit und weitere Details standen bereits im Attrappenbau in einem Maßstab von 1:1 zur Verfügung. Dadurch konnten sich Geschäftspartner, Interessenten und einflussreiche Wirtschaftsmagnaten anschaulich über das Projekt informieren. Doch der aktuelle Hauptgesprächspartner Henry Ford und auch die New Yorker Finanzwelt zeigten kein großes Interesse für das weit in die Zukunft gerichtete Vorhaben. Die wirtschaftliche Depression ab Mitte der 1920er-Jahre und die folgende Weltwirtschaftskrise setzten andere Akzente in der Luftfahrt. Nicht die Großverkehrsflugzeuge mit 80 bis 120 Passagieren setzten sich durch, sondern Maschinen, deren Passagierfrequenz bei rund 20 Fluggästen lag. Fragen der kurz- und mittelfristigen Wirtschaftlichkeit standen dabei im Vordergrund. Das waren die begünstigenden Faktoren, die im Dessauer Flugzeugwerk ab 1930/31 den Entwicklungsweg und die Geburtsstunde der legendären Junkers Ju 52/3m einleiten sollten.

Astris – näher den Sternen

Am 20. Juli 1929 veröffentlichte der Junkers-Nachrichtendienst folgende Pressemeldung: „Seit den im Zusammenhang mit den Welt-Dauerrekordflügen durchgeführten Starts mit schwer belasteten Maschinen beschäftigt sich Junkers, entsprechend seinem Charakter als Forschungsunternehmen, sehr eingehend auch mit allen Möglichkeiten, Zusatzkräfte für den Start solcher schwer belasteten Flugzeuge nutzbar zu machen.

Diesem Zwecke dienen, wie allgemein bekannt ist, verschiedene Vorrichtungen, wie z.B. Lufttanken, Katapult- und Schleppstarts. Dazu gehören auch Startversuche mit Rückstößer, ... um den momentan auftretenden Kraftbedarf für das Auf-die-Stufe-Kommen der Maschine zu decken.“ Am 18. März 1931 erschien im „Anhalter Anzeiger“, auflagenstärkste Tageszeitung des Freistaates Anhalt und ein in Mitteldeutschland stark beachtetes Presseorgan, ein Artikel unter der Überschrift: „Die erste steigende Flüssig-Treibstoff-Rakete“. Darin heißt es: „Gleichzeitig mit den ersten positiven Angaben über das von den Junkers-Werken in Bau genommene Stratosphären-Flugzeug konnte aus Dessau die Meldung von dem glücklichen Start der ersten Flüssig-Treibstoff-Rakete (Europas, d.V.) verbreitet werden. Es ergibt sich also, dass in Dessau ... Rüstzeug für die Erforschung der Stratosphäre und den Stratosphärenflug geschmiedet wird.“

Diese bisher nicht publizierten Versuche führte der Naturwissenschaftler Johannes Winkler aus, der in der Abteilung Strömungstechnik der „Forschungs-Anstalt Professor Junkers“ tätig war. Auch Winkler, einer der großen Wegbereiter der Raumfahrtforschung, ordnete sich den Arbeitsprinzipien von Prof. Junkers unter. Daher sind seine Untersuchungen, die er bis 1939 in Dessau und später an der Luftfahrtforschungsanstalt in Braunschweig-Völkenrode betrieb, nahezu unbekannt geblieben. Wie Junkers verzichtete auch Winkler aus ethischen Gründen auf Patentanmeldungen, deren militärische Nutzung in Betracht hätte kommen können. So hat Winkler z.B. das noch unter der Ägide von Prof. Junkers entwickelte sogenannte Bündelungsprinzip, d.h. das gleichzeitige Arbeiten mehrerer Raketenkammern innerhalb einer Antriebsstufe – nach diesem Prinzip arbeiten seit 1957 nahezu alle russischen Trägerraketen –, erst 1946 veröffentlicht.

Wie aufgeschlossen Junkers der Antriebsfrage von Raketen gegenüberstand, beweisen neuere Forschungen. Bei den ersten Raketenversuchen mit Flüssigkeitstriebwerken auf dem Exerzierplatz in Dessau-Großkühnau war er persönlich zugegen. Ab Mai 1933 ließ er am Rande des Flugplatzes Raketentriebwerke entwickeln und testen. Im Bestand seiner Bibliothek befand sich auch Hermann Oberths Schrift: „Wege zur Raumschifffahrt“. Es ist daher kein Zufall, dass im Werner-von-Braun-Team an der Projektierung der Saturn 5-Mondrakete zu Beginn der 1960er-Jahre auch der ehemalige Junkers-Ingenieur Willi Segewitz beteiligt war.

Ganz links: Interessiert verfolgt Prof. Junkers mit seiner Tochter Dorotheé die Vorbereitungen zum Start der Rakete HW 1b am 18. April 1931 bei Dessau-Großkühnau.

Foto: Sammlung des Autors

Links: Prüfstand für Junkers-Raketentriebwerke, sogenannter Rückstoßversuche, die Johannes Winkler unter der Leitung von Philipp von Doepp und Prof. Mader zwischen 1933 und 1939 entwickelte

Foto: Sammlung des Autors

Die erste Ost-West-Flugzeugüberquerung des Atlantiks von Europa nach Nordamerika mit der Junkers W 33/L „Bremen" am 12. und 13. April 1928 war ein Schritt, die Kulturvölker der Alten und der Neuen Welt einander näher zu bringen und eine Vision mit Leben zu erfüllen. Ein Ereignis, das der Marinemaler Victor Gernhard, Pfaffenhofen, in einem Gemäldezyklus festhielt.
Foto: Sammlung des Autors

Die Luftfahrt und ihre „kulturell-zivilisatorische" Mission

Der Visionär

Das Leben von Hugo Junkers war gekennzeichnet von zahlreichen Einschnitten: das Handicap seiner verkrüppelten Hand, die spartanische Lebensweise – während seiner Studien- und Praktikantenzeit war er Mitglied im Spartanerklub, denn von der Burschenschaft wandte sich Junkers schnell wieder ab –, seine Erfahrungen als praktizierender Forscher, die Hochschulkarriere und deren Abbruch, die politische und wirtschaftliche Situation in Deutschland mit Kriegseuphorie und Rüstungsgeschäft im Ersten Weltkrieg, der Neuaufbau seiner Werke nach der Niederlage, sein Weg zur Demokratie und Republik, seine internationale Zusammenarbeit im Sinne der Völkerverständigung, der Ruin seiner Betriebe und die Neubesinnung, Wegbereiter wissenschaftlich-technischer Neuerungen, als Mäzen und Förderer von Kunst und Kultur als Bildungsträger – hier insbesondere das Bauhaus in Dessau – und schließlich die Vertreibung aus seinen Werken bei Machtantritt der Nationalsozialisten ab 30. Januar 1933. Man kann diese Einschnitte unterschiedlich betrachten und werten, doch eine der wichtigsten Zäsuren in seinem Leben wird beim Lesen seiner Tagebücher immer wieder deutlich: die Niederlage der deutschen Staatsführung im Ersten Weltkrieg. Das auf Hegemonie und Expansion orientierte Bündnis von Politik, Militär und Wirtschaft hatte gänzlich versagt. Ein Ereignis, das sich tief in sein Innerstes eingegraben hatte und das Junkers bei Problem- bzw. Konfliktsituationen stets wie ein Achtungszeichen zur Neubesinnung und Neuorientierung anregte.

Im Gegensatz zu den meisten Industriellen seiner Branche begriff Prof. Hugo Junkers das Ende des „Großen Krieges“ – wie der Erste Weltkrieg bereits 1918 bezeichnet wurde – und die Entstehung der deutschen Republik als eine Epoche des Aufbruchs, der Überwindung von Kastengeist, Hierarchie und verknöchertem Beamtentum, von geistiger Engstirnigkeit und Stupidität, von Bürokratie, Mittelmaß und Uniformität, vor allem jedoch als Ende von militarisierter Zwangswirtschaft und staatlichen Zwangseingriffen. In seinem Tagebuch steht dazu: „Es ist ein Glück für uns Deutsche, dass wir den Krieg verloren haben ... Die wahre Quelle unserer Niederlage im Felde, des beispiellosen Zusammenbruches unserer Militärmacht, unseres wirtschaftlichen Lebens, unserer Gesamtkultur“ liege, so Junkers am 10. Januar 1919, „in der Verknöcherung auf allen Gebieten des privaten und sozialen Lebens, in dem kurzsichtigen Egoismus, in der rücksichtslosen Selbstsucht.“ Ein Satz, der in den Augen militanter Kräfte und rechter Geisteshaltung unweigerlich den Vorwurf des Hoch- und Landesverrats hervorrufen musste.

Heimstatt fand Hugo Junkers in der im November 1918 zunächst in Berlin gegründeten Deutschen Demokratischen Partei, die in der ersten Dezemberhälfte auch im Freistaat Anhalt ihre Geschäftsstelle eröffnete.

Unten: Eine der ersten zivilen Fluglinien nach dem Ersten Weltkrieg war die Verbindung nach Weimar zur Deutschen Nationalversammlung. Am 17. Juni 1919 flog der Dessauer Oberbürgermeister Fritz Hesse als Landtagsvertreter der Demokratischen Partei Deutschlands in einer zivilen Ausführung der Junkers J 10 nach Weimar.

Foto: Sammlung des Autors

Unten rechts: Auf allen Ausstellungen, Messen u.ä. Präsentationen zog die Junkers F 13 als Besuchermagnet stets interessierte Gäste an.

Foto: Sammlung des Autors

Oben: Die am Wasser-Flughafen auf der Elbe in Dresden-Johannstadt stationierten Junkers F 13, die auf der „Blauen Linie" zwischen Dresden – Dessau – Magdeburg – Hamburg/Altona verkehrten, konnten im Jahr 1925 hohe Besucherzahlen verzeichnen. Diese „erste Linie Europas [...], bei der im regelmäßigen werktäglichen Verkehr unter Ausnutzung der schiffbaren Flüsse Wasserverkehrsflugzeuge verwendet werden", erreichte in der Sommersaison 134 Flüge.

Foto: Sammlung des Autors

Sie verfügte in diesem Landstrich über ein gewisses Maß an Tradition. Im Oktober 1908 war in Dessau der Demokratische Verein gegründet worden, der reichsweit Vertreter in seinen Reihen zählte, deren Namen einen guten Klang in der Geschichte des deutschen Volkes hatte, wie Rudolf Breitscheid und Siegfried Aufhäuser, Hellmuth von Gerlach und Theodor Barth. Bei den Landtagswahlen am 15. Dezember 1918 errangen die Deutschen Demokraten in Anhalt einen fast sensationellen Wahlerfolg. Nach der SPD – 22 Sitze – errangen sie zwölf Mandate im Landtag und bildeten gemeinsam mit der SPD die Regierung, die bis zum 2. Februar 1932 von Bestand sein sollte. Junkers gehörte zu den Ersten, die in Dessau in die neu gegründete Demokratische Partei eintraten – eine Partei des deutschen Großbürgertums, die im bürgerlichen Parteienspektrum der Weimarer Republik mehr links von der Mitte als rechts angesiedelt war. Auf dem äußersten linken Flügel dieser Partei sammelten sich demokratische und liberale Kräfte wie die Pazifisten Hellmuth von Gerlach, Ludwig Quidde, Walter Schücking oder Paul von Schoenaich oder Demokraten wie Wilhelm Abegg und Georg Bernhard. Aus den Reihen der Wissenschaft und Kunst zählten unter anderen Albert Einstein, Gerhart Hauptmann, Max Liebermann zu ihren Mitgliedern, aus den Kreisen der Wirtschaft vor allem sogenannte Erfinder-Unternehmer, wie Walther Rathenau, Robert Bosch, Friedrich Otto Schott, Carl Friedrich von Siemens und Ernst Borsig. Dass Hugo Junkers hier eine politische Heimat fand, machte den Grundkonsens seines liberaldemokratischen Denkens und Handelns deutlich.

Dieses Denken richtete Hugo Junkers seit der Gründung der Weimarer Republik auf eine Reihe von politischen und wirtschaftlichen Dingen, mit denen er sich vorher noch nie intensiv beschäftigt hatte. So empfiehlt er im Juni 1921 dem Flugzeugindustriellen Adolf Rohrbach in einem Brief: „Kapital ist der vermeintlich natürliche Freund des Erfinders. Dass das ein Irrtum ist, habe ich während meiner dreißigjährigen Praxis zu meinem Leidwesen erfahren müssen. Mein größter Feind ist das Kapital resp. seine Vertreter gewesen." Aus dieser Erkenntnis heraus unterbreitet Junkers dem Flugzeugbauer Rohrbach den Vorschlag, dass sich die schöpferischen Elemente aus Wissenschaft und Technik gegen die Dominanz des Kapitals zusammenschließen sollten.

Rechts: Karte des Verkehrsnetzes der deutschen Fluggesellschaften im europäischen Luftverkehr, Stand 1925
Dokument: Sammlung des Autors

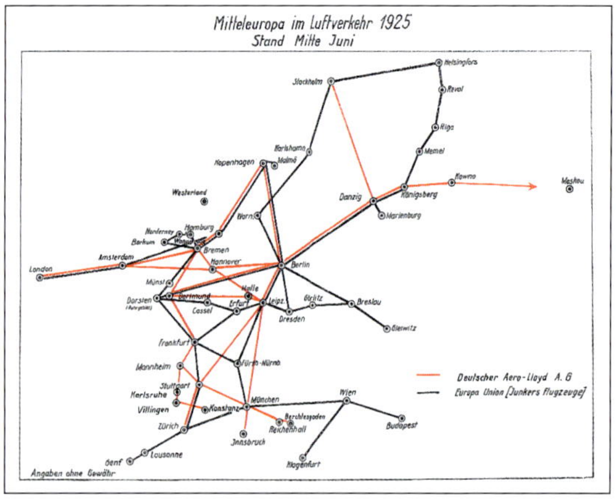

Wie konsequent Hugo Junkers diesen Gedanken weiterverfolgte, vermittelt auch eine Notiz in seinem Tagebuch, wo er im April 1922 unmittelbar nach dem Abschluss der ersten wirtschaftlichen Vereinbarungen mit Sowjetrussland vermerkt: „Da der wesentliche Kern des Kommunismus und Bolschewismus der Kampf gegen das Kapital ist, so dürfte es wohl angebracht sein, gelegentlich den grundsätzlichen Unterschied beziehungsweise Gegensatz der Forschungsanstalt und der ganzen Junkers-Betriebe zum Kapital zum Ausdruck zu bringen."

Als Kapital bezeichnete Hugo Junkers die Geldanhäufung des Geldes wegen, das Finanzgebaren bestimmter Kreise, wo ausschließlich mit der Ware Geld das Kapital vermehrt wird, ohne dass dies im Arbeitsprozess der Akkumulation erfolgt.

Nach den Junkers-Prinzipien, die sich stets nach ethischen und sozialökonomischen Grundsätzen orientierten, hatte der Staat im bismarckschen Sinne die gesellschaftlichen Rahmenbedingungen für das lebensnotwendige freie Spiel der Wirtschaft zum Wohle des Landes und im Interesse der Nation zu schaffen. Gleiches galt für die Beziehungen der Völker untereinander, die Hugo Junkers stets als gleichberechtigte Partner betrachtete.

Bezogen auf das Potenzial der Luftfahrt und dessen Auswirkungen auf das Verhältnis der Völker untereinander, äußerte sich Prof. Junkers im Januar 1924 gegenüber dem Reichswirtschaftsamt: „Das Interesse aller vorwärts strebenden Nationen der Welt ist in den letzten drei Jahren, besonders aber in den letzten Monaten, auf die Entwicklung einer technisch vollkommenen, großen und achtungsgebietenden Luftflotte gerichtet. Soweit diese Bestrebungen militärischen Charakter haben, wird sich das Deutsche Reich bewusst darauf beschränken, lediglich als außen Stehender die Konzentration dieses neuesten und gewaltigsten militärischen Machtfaktors zu beobachten, und wird die sich daraus ergebenden politischen Konstellationen bestmöglich wirtschaftlich und politisch für seine Zwecke ausnutzen, da es nach den Versailler Vertrag weder in der Macht des deutschen Volkes steht, noch aber sein Wille ist, sich an diesem Wettrüsten aktiv zu beteiligen." Ausgehend von seiner aktiven Rolle als Fabrikant, Techniker und Wissenschaftler, unterstreicht Hugo Junkers seine außenpolitische Ansicht, das Deutsche Reich „habe nicht nur das Recht, sondern im nationalen und internationalen Sinne die Pflicht. Von den großen und bedeutsamen Möglichkeiten, die dem Handelsflugzeug für die Zukunft offen stehen, gibt das, was heute in der Welt auf diesem Gebiet geschieht, kaum andeutungsweise Kenntnis. Trotzdem ist schon heute sichtbar, dass sich die deutsche Industrie niederlassen will, wo Deutschland politische Ziele verfolgt. Dies erscheint zweckentsprechender und wirksamer zur Erreichung der gesteckten Ziele als jedes andere dem Deutschtum zur Verfügung stehende Propagandamittel ... Einer Handels-Luftflotte sind keine Grenzen gezogen. Die politischen Grenzen zu verwischen, die Annäherung wie das Verständnis der Völker füreinander zu fördern, ist sie in hervorragendem Maße berufen."

Ansichten, die das politische Denken eines Prof. Hugo Junkers offenbaren und ganz im Geiste eines Walther Rathenau standen, bevor dieser am 24. Juni 1922 als deutscher Außenminister von rechtsradikalen Deutschen ermordet wurde.

Beim Empfang des Reichskanzlers am 5. Mai 1925 auf seine Rolle als Luftfahrtunternehmer und die Bedeutung Deutschlands in der Luftfahrt angesprochen, wird Junkers noch deutlicher: „... unter all den Mitteln, die für alle nüchtern und wohldenkenden Menschen zur Verfügung stehen, um die Wirkungen des Friedens von Versailles, die von vielen Menschen als verheerender als die des Krieges selbst angesehen werden, steht wohl die Luftfahrt an erster Stelle. Indem sie neue Möglichkeiten durch Förderung des internationalen Austausches von Gütern der Wohlfahrt, des persönlichen Verkehrs der Menschen fördert, wirkt sie in friedlicher und freundlicher Weise zur Verbindung der Völker untereinander und bildet so eine dem Innern des Menschen ausgehende (echt menschliche) Triebkraft von gewaltiger Stärke und stets wachsendem Einfluss zur Beseitigung alles dessen, was die Menschen – sei es aus Hass, sei es aus törichtem Unverstand – trennt.

So lehrt uns das neueste Verkehrsmittel, auf friedlichem Wege ein Ziel zu erreichen, das große Ziel zu erreichen, die Staaten Europas zum ... gemeinsamen Kampf gegen die Krise zusammenzufügen. Wenn aber diese Wirkung von der Luftfahrt erwartet werden darf und wenn auch nur zu einem kleinen Teil, wer sollte die Verantwortung dafür übernehmen, dieses Mittel unausgerüstet zu lassen und dadurch indirekt die Mächte (Kräfte) zu stärken, die treibend oder getrieben die Lösung der Krise, in welcher sich Europa befindet, durch neue Kriege glauben lösen zu können, während doch die Geschichte lehrt, dass von dieser Seite eine dauernd segenreiche Lösung nicht erwartet werden kann.“

Dieses im Junkers-Notizbuch Nr. 120 festgehaltene Gespräch legt ein beredtes Zeugnis davon ab, inwieweit und vor allem konsequent sich einer der führenden Vertreter der deutschen Luftfahrtindustrie für deren vordringlich friedliche Nutzung einsetzte. Dies war auch kein Einzelfall, denn während des Besuchs des schwedischen Forschers und Schriftstellers Sven Hedin am 4. November 1925 im Junkers-Hauptbüro am Dessauer Kaiserplatz sagte Prof. Junkers seinem Gesprächspartner in Bezug auf das Verhältnis Deutschland–Sowjetunion verweisend: „Anstatt uns wenigstens einen Teil der von uns dem Deutschen Reich geschaffenen Vorteile (Wiederherstellung des deutschen Ansehens, wirtschaftliche Vorteile, Kredit, Vertrauen) zu geben, hat man eine vorübergehende durch nationale Arbeit in Russland ohne unsere Schuld (kein anderes deutsches Werk war bereit, in Russland zu fabrizieren) entstandene Notlage benutzt, um uns das so mühsame Geschaffene zu einem Spottpreis zu entreißen. Diese ungeheuere Enttäuschung soll uns aber nicht entmutigen. Wir wollen mit frischem Mut weiterarbeiten an der großen Aufgabe, die Luftfahrt der Menschheit dienstbar zu machen. Aber wir müssen die Aufgabe noch anders anpacken. An dieser Aufgabe muss der ganze Konzern mitarbeiten.“

Oben: Es gab kein Land und kaum eine Luftfahrtgesellschaft in Europa, in der nicht Junkers-Flugzeuge vertreten waren, wie ein finnisches Werbeplakat von 1925 mit einer Junkers F 13 anschaulich beweist.

Foto: Sammlung des Autors

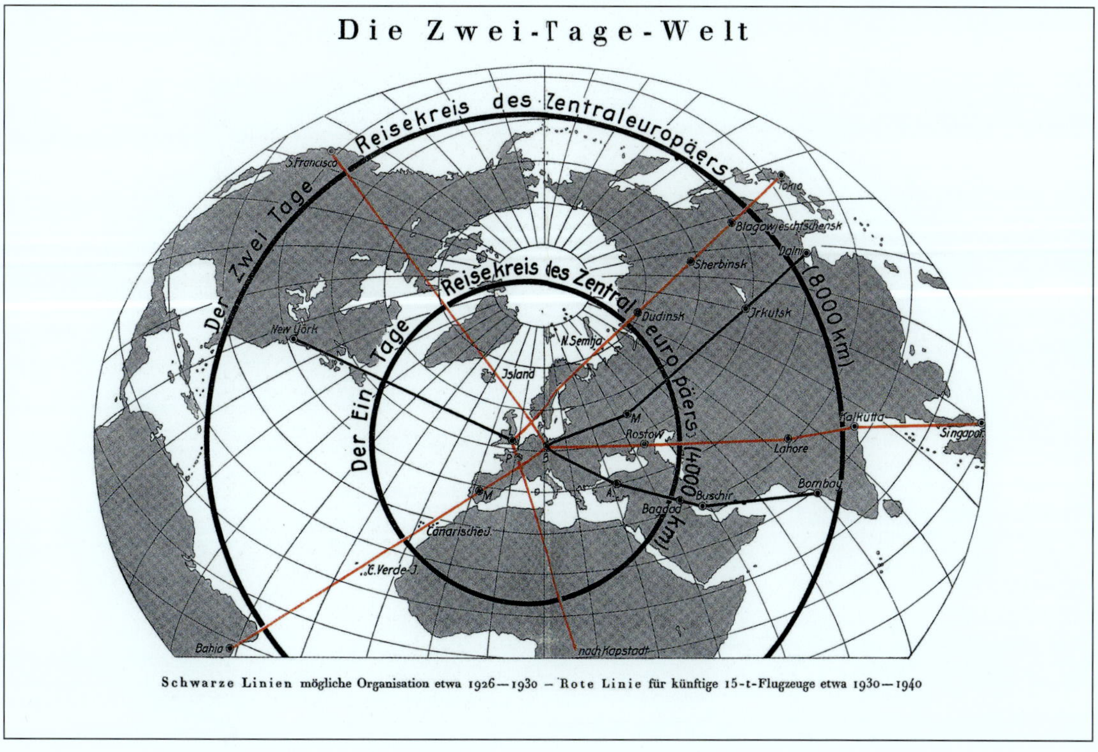

Links: Auf Anregung von Hugo Junkers entwickelte der Propaganda-Chef der Junkers-Werke Andreas Fischer von Poturzyn die interkontinentale Erschließung der Welt unter dem Aspekt der künftigen Luftfahrt. Er bezeichnete seine prognostische Analyse als „Die Zwei-Tage-Welt“. Bei der konstruktiv-technischen Weiterentwicklung der Junkers-Flugzeuge wäre es im Zeitraum von 1926 bis 1930 möglich, dass innerhalb eines Tages jeder Ort in Europa und Nordafrika erreicht werden könnte. Im Zeitraum von 1930 bis 1940 würde eine neue Generation von Großflugzeugen in zwei Tagen nahezu jeden Ort in Afrika, Asien und Nordamerika erreichen. Mit dem geschickt in Szene gesetzten Non-Stop-Flug der Focke-Wulf Fw 200 „Condor“ nach New York und dem Flug einer JFM Ju 90 nach Afrika begann 1938 das Zeitalter der Langstreckenflüge.

Dokument: Sammlung des Autors

An den Reichspräsidenten Paul von Hindenburg schrieb Junkers am gleichen Tag ein Memorandum, in dem es u.a. heißt: „Es dreht sich um nichts weniger als um die Eroberung der Welt, (um die Verwirklichung dessen, was mit Waffengewalt vergeblich erstrebt wurde). Die wirtschaftlichen Waffen sind stärker als die Kriegswaffen und die stärkste Waffe von allen sind die Liebe und die Menschlichkeit. Es gilt, mit diesen Waffen die Welt zu erobern." Für den greisen kaiserlichen Generalfeldmarschall a.D., einer zutiefst konservativ und noch geistig der Monarchie verbundenen Persönlichkeit, müssen diese Zeilen wie Hohn und Landesverrat geklungen haben. Daher mied es dieser, bei seinem Besuch der Stadt Dessau am 14. Juni 1927 auch nur in die Nähe von Prof. Junkers zu kommen. Während der Amtszeit des Reichspräsidenten von Hindenburg wurde Junkers zu keinem Empfang der Staatsregierung mehr eingeladen. Abgesehen von diesem Affront Prof. Junkers gegenüber, sollte gerade dessen eigentlich staatlich verordnetes Engagement gegenüber der Sowjetunion und deren junger Flugzeugindustrie ihm später den Vorwurf des Landesverrates von einer neuen Generation Machthaber einbringen.

Fili im Spannungsfeld der Politik

Die Errichtung des Junkers-Flugzeugwerkes im russischen Fili bei Moskau, offiziell bezeichnet als „Junkers-Werke Dessau, Zentrale für Russland", begann 1923 aufgrund eines Geheimvertrages vom 22. November 1922 zwischen der Reichswehr, den Junkers-Werken und der Sowjetregierung auf der Basis der Rapallo-Vereinbarungen vom April 1922. Damals noch rund dreißig Kilometer von Moskau entfernt und inmitten von Wäldern gelegen, entstand in einem vergessenen Gebäudekomplex des Russisch-Baltischen Eisenbahnbaubetriebes aus der Zarenzeit das „Werk Nr. 22", wie es im nüchternen Amtsrussisch hieß. Innerhalb kürzester Zeit gelang es den Junkers-Spezialisten mithilfe ihres

Unten: „Hochbetrieb im Luftverkehrsbahnhof auf dem Rollfelde des Zentralflughafens auf dem Tempelhofer Felde in Berlin", hieß der Titel dieser stimmungsvollen Ansicht von Martin Frost, die er 1926 mit Junkers-Flugzeugen für die „Illustrirte Zeitung" zeichnete.
Foto: Sammlung des Autors

Links: Durch die Montage von Junkers-Maschinen und die Lieferung von Baugruppen für verschiedene Typen gelang es den sowjetischen Spezialisten im russischen Fili, sich schnell wissenschaftlich-technisches Know-how anzueignen.
Foto: Sammlung des Autors

technischen Know-how, das junge Sowjetrussland bei der Erschließung des Landes mittels neuer Verkehrswege zu unterstützen. Neben dem zivilen Ausbau der russischen Luftfahrtindustrie gab es auch eine militärische Komponente, das bereits erwähnte Geheimabkommen zwischen der Reichswehr und der Roten Armee. Außerdem ermöglichte ein weiteres Geheimabkommen die Errichtung eines Ausbildungszentrums für deutsche und russische Piloten und eines Versuchszentrums für Flugzeuge bei Lipezk, cirka 400 km südlich von Moskau gelegen, wo auch in Fili gebaute bzw. umgerüstete Maschinen stationiert waren. Aus dem bisher vorliegenden Archivmaterial geht hervor, dass Prof. Junkers von den militärischen Aktivitäten keinerlei Kenntnis besaß. Im Gegenteil, sein Vertrauen gegenüber der Reichsregierung und der Sowjetunion war so groß, dass er nicht nur seine besten Fachkräfte nach Fili schickte, seine neuesten Erkenntnisse im Flugzeugbau einbrachte, sondern sich auch auf die versprochenen finanziellen Beihilfen verließ. Dadurch kam Junkers in wirtschaftliche Schwierigkeiten und treuhänderische Abhängigkeit zum Staat. Hinzu kam die Kündigung des Konzessionsvertrages seitens der Sowjetregierung Anfang 1926 mit der Begründung, dass „bisher keine äußerlich sichtbaren Schritte zur Aufnahme der Motorenfabrikation in Russland erkennbar sind“. Abgesehen davon, dass bei der Lieferung bzw. Vergabe zum Lizenzbau von Junkers- bzw. BMW-Motoren objektiv begründete Schwierigkeiten auftraten, erhielt Junkers seitens der Reichsregierung nicht die zugesicherte Unterstützung. Die vorliegenden Quellen entkräften die Behauptung einiger Historiker, dass Prof. Hugo Junkers das sowjetische Volk hintergangen hätte. Das Gegenteil war der Fall. Als Ausdruck eines vertrauensvollen Verhältnisses zur Sowjetregierung konnte man im Arbeitszimmer von Paul Spaleck, dem geschäftsführenden Direktor des Junkers-Flugzeugbaus, in Fili und später in Des-

Links: Ein Blick über die sich im Aus- und Umbau befindlichen Fertigungshallen des Flugzeug-„Werkes Nr. 22“ in Fili bei Moskau im Jahr 1923, wie das Junkers-Unternehmen im russischen Sprachgebrauch bezeichnet wurde
Foto: Sammlung des Autors

sau bis 1933 zwei große Porträts von Lenin und Trotzki mit einer persönlichen Widmung an Prof. Hugo Junkers sehen.

Gerade Junkers' Weltoffenheit und seine ethischen Ansichten, dass z.B. jedes Volk Anspruch auf wissenschaftlich-technischen Fortschritt habe, ermöglichten in einzigartiger Weise den beschleunigten Aufbau der sowjetischen Luftfahrtindustrie. Heute steht das einstige Werk Nr. 22 im zwischenzeitlich in Moskau eingemeindeten Fili für Hightech in der Kosmosforschung.

Junkers in Schweden

Mit den schwedischen Aktionären Friedrich Treitschke und Adrian Florman gründet Prof. Hugo Junkers am 25. Januar 1925 in südschwedischen Limhamn bei Malmö das Flugzeugwerk A.B. Flygindustri (AFI). Obwohl nach schwedischen Gesetzen ein Ausländer mit maximal 50 Prozent an einem schwedischen Unternehmen beteiligt sein darf, besitzt Hugo Junkers 82 Prozent der Aktien im Wert von 150.000 SKr. Auch sein hoher Anteil an der schwedischen Luftverkehrsgesellschaft A.B. Aerotransport (ABA) spricht für sein kaufmännisches und industrieunternehmerisches Geschick. Gleichzeitig erwirbt die A.B. Flygindustri die Lizenzen zum Nachbau von Junkers-Ganzmetallflugzeugen. Ausgestattet mit guten Fachkräften und den Spezialisten aus dem Dessauer Flugzeugwerk, erlebt die AFI einen schnellen Aufschwung. Von anfangs 20 Arbeitern steigerte sich das Unternehmen 1927/28 auf 450 Beschäftigte. In geografisch günstiger Lage auf einer Halbinsel angesiedelt und nur einige Seemeilen von den deutschen Hoheitsgewässern entfernt, erfüllt das Werk – entrückt von den Kontrollen der Siegermächte des Ersten Weltkrieges – alle Voraussetzungen für die praktischen Flugversuche mit leistungsstarken Flugzeugen, die in Deutschland aufgrund der sogenannten Begriffsbestimmungen nicht zugelassen sind.

In der Dessauer Forschungsanstalt wertete ein Büro ständig weltweit alle Veröffentlichungen zu Fragen der Luftfahrt aus und verfolgte so den technischen Stand. Militärtechnische Neuheiten, soweit diese bekannt gemacht wurden, erhielt die AFI in Limhamn zur weiteren Bearbeitung. In Limhamn bauten, komplettierten und vervollkommneten die Flugzeugbauer die angelieferten Maschinen. Unter schwedischer Kennung flogen diese teilweise auch wieder nach Deutschland zur Erprobung. Im Wesentlichen wurden in Limhamn Maschinen nach militärischen Gesichtspunkten komplettiert und im Auftrag der Reichswehr an das Ausland verkauft. All diese Aktivitäten geschahen in Abstimmung mit der Reichsregierung, vordringlich jedoch

Rechts: Der Flugplatz in Malmö, das sogenannte Aerodrom, gehörte zur schwedischen Zweigniederlassung der Junkers-Flugzeugwerk AG Dessau. In Malmö und auf dem Wasser-Flughafen der AB Flygindustri Limhamn waren ständig Junkers-Maschinen im Einsatz.
Foto: Sammlung des Autors

durch die Reichswehr. So erprobte die Reichswehr mehrfach in Limhamn gefertigte Maschinen im sowjetischen Lipezk auf ihre militärische Tauglichkeit.

Verfolgt man die persönlichen Notizen von Prof. Junkers in dieser Zeit, so erwecken sie den Eindruck, dass er über die tatsächlichen militärischen Sachverhalte kaum Kenntnis besaß.

Die Reichswehr zeigte dagegen unverhohlen ihre Abneigung gegenüber Junkers, insbesondere wegen der militärischen Unvollkommenheit seiner Flugzeuge. Daher wurde im Zuge der offiziellen Gründung der Luftwaffe unter dem Kommando des Reichsluftfahrtministeriums die AFI in Limhamn am 15. Juni 1935 geschlossen und aufgelöst.

Die A.B. Flygindustri Limhamn fertigte im Zeitraum 1925–1935 folgende Junkers-Flugzeuge:

betriebliche Bezeichnung	zivile Bezeichnung	militärische Bezeichnung
J 13	F 13	
J 20	A 20	K 02
J 24	G 24	K 30
J 32	A 32	K 39
J 33	W 33	K 33
J 34	W 34	K 43
J 35	A 35	K 53
J 36	S 36	K 37
J 48	A 48	K 47
J 50	A 50	
J 52	Ju 52*	K 45

**Die zivilen Versionen der Junkers Ju 52 waren in Schweden ursprünglich bezeichnet als W 52 bzw. G 52 für einmotorig und Ju 52/3m für dreimotorig.*

Von den Ministerialbeamten von Reichswehr und Reichswirtschaft fühlte sich Prof. Junkers nach den Erfahrungen in Fili und Malmö nicht nur im Stich gelassen, sondern auch hintergangen. Von den getroffenen Vereinbarungen wurde seitens der Ministerien kaum eine eingehalten und wenn doch, meist verzögert oder unter einem anderen Kodex ausgeführt als vereinbart. Aus diesen Erkenntnissen heraus notierte Junkers im Februar 1926 seine Ansicht über Staatsräson: „Wenn hierunter zu verstehen ist, dass jeder Staatsbürger seine persönlichen Interessen denjenigen des Staates unterzuordnen hat, so erkenne ich diesen Begriff als richtig an und werde mich ihm restlos aus freien Stücken unterordnen, in all meinen Handlungen. Wenn aber darunter zu verstehen ist, dass nur der Staatsbeamte, kraft seiner höheren Verantwortlichkeit und besseren Einsicht darüber zu entscheiden hat, was dem Staate frommt, so kann ich mich dieser Auffassung, sowohl bezüglich besserer Einsicht als auch bezüglich Verantwortlichkeit, wenigstens in der Behandlung der Privatwirtschaftsaufgaben nicht unterordnen.

Diese Auffassung, dass der Privatmann ihm von oben herab diktiert blindlings zu folgen hat, scheint die Auffassung des Wehrministeriums zu sein, wenn ich sehe, wie wenig alle meine Vorschläge und ernsten Warnungen beachtet worden sind, und wie ausschließlich mein Anspruch auf schiedsrichterliche Entschließung behandelt worden ist."

In Berlin sah man das anders. Aus den Akten zur deutschen auswärtigen Politik, Serie B 1925–1933, ist die offizielle Stellungnahme eines hohen Ministerialbeamten vom 30. April 1926 überliefert: „Junkers sei in völlig unzweckmäßiger und unwirtschaftlicher Weise zu einem Weltunternehmen aufgebläht worden", dessen Fortführung in „bisheriger Form unmöglich" wäre. Und während einer Sitzung im Reichsverkehrsministerium am 7. Juni 1926 fällt die Bemerkung, dass „sehr responsable Wirtschaftskreise an der Übernahme von Junkers interessiert wären". Die ethischen Ansichten und weltoffene Handlungsweise eines Liberalen, wie sie von Prof. Hugo Junkers in konsequenter Art und Weise vertreten wurden, fanden in der offiziellen Politik und Wirtschaft Deutschlands nicht überall Widerhall und Zustimmung.

Mit welcher Konsequenz Prof. Junkers seine Visionen der „kulturell-zivilisatorischen" Mission der Luftfahrt verfolgte, verdeutlicht nicht nur sein Engagement bei der Gründung von Fluggesellschaften, der Schaffung eines Transozean-Verkehrs und der geistigen Auseinandersetzung sozialer, kultureller und wirtschaftlicher Fragen zwischen den Völkern. In der 1925 auf Anregung von Hugo Junkers herausgegebenen Denkschrift „Luft-Hansa" erläutert Andreas Fischer von Poturzyn als Pressechef der Junkers-Werke die luftpolitischen Mög-

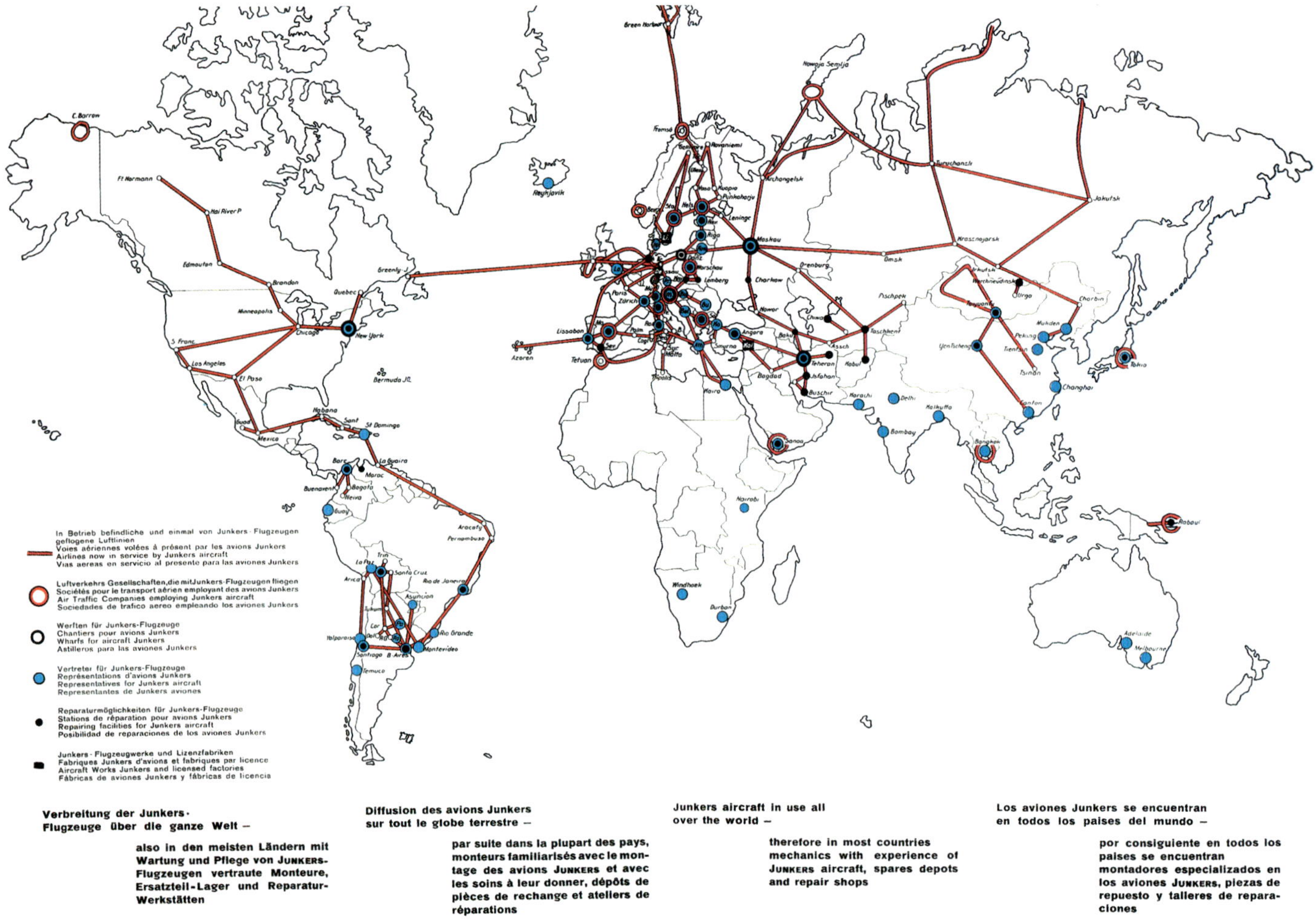

Oben: Weltweit flogen Junkers-Flugzeuge und bewährten sich durch ihre solide Konstruktion, ihre verhältnismäßig niedrigen Wartungszeiten und absolute Zuverlässigkeit in allen Klimazonen. Für eine Reklameschrift, die im Mai 1928 erschien, entstand diese Weltkarte mit den Fluglinien, auf denen Junkers-Flugzeuge verkehren.

Dokument: Sammlung des Autors

lichkeiten der zwischenstaatlichen Zusammenarbeit und entwirft dabei Chancen für ein neues Weltbild. Mit der Fragestellung „Luftrüstung oder Lufthandel" werden nicht nur technische und logistische Probleme angesprochen, sondern auch gesellschaftliche und staatliche Verhältnisse erörtert und Varianten im zivilen Luftverkehr aufgezeigt.

Als Luftfahrtpionier regte Junkers zu breiter Nachahmung an. Ende 1925 machte er sich erneut vor aller Augen zu einem engagierten Sprecher der friedlichen Nutzung der Luftfahrt. „Lassen Sie uns das Flugzeug zu einem Kampfmittel froher Menschlichkeit machen, welches allen Menschen und allen Nationen Segen bringt und allen Menschen und allen Nationen zusteht. Das ist der Weg, der uns zu einem wirklichen, einem dauerhaften Aufstieg führt." Zwei Jahre später, im August 1927, bei der ersten Verabschiedung deutscher Ozeanflieger aus Dessau, führte er aus: „Was wir von der Luftfahrt erwarten, das ist nicht bloß das Bauen von Flugzeugen jeglichen Typs, sondern wir müssen große volkswirtschaftliche Aufgaben erfüllen. Wir müssen Flugzeuge benutzen, um die Völker einander näher zu bringen: Mein schönstes Ziel ist, dazu beizutragen, in fruchtbarem Kampf zum Segen und zum kulturellen Fortschritt der Menschheit ... Die Luftfahrt soll nicht nur nach innen frei von jeder Politik sein und versöhnend wirken, sondern auch nach außen hin. Statt die Flugzeuge mit Kriegsmitteln auszurüsten, wollen wir sie mit den Waffen des Friedens und der Menschlichkeit ausstatten. Die Junkers-Flugzeuge sollen dann, wenn sie amerikanischen Boden berühren, Sendboten des Friedens sein, und wir hoffen, dass andere Nationen in dieser großen Sendung mit uns einig gehen."

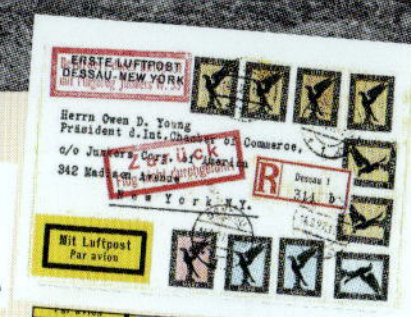

Anhalter Anzeiger

Dessauer Neueste Nachrichten

Die „Bremen“ zum Ozeanflug gestartet.

Dublin, 12. April. (Eig. Drahtbericht.) Die „Bremen“ ist heute früh 5.38 Uhr zum Flug nach Amerika gestartet.

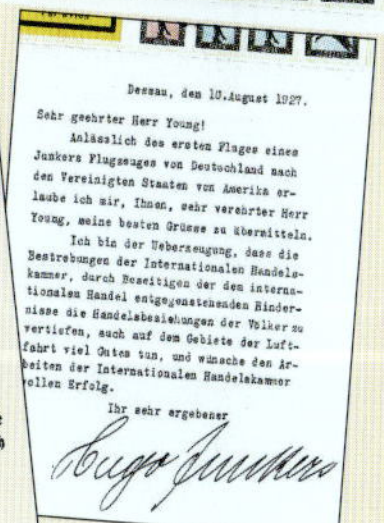

Dessau, den 10. August 1927.

Sehr geehrter Herr Young!

Anlässlich des ersten Fluges eines Junkers Flugzeuges von Deutschland nach den Vereinigten Staaten von Amerika erlaube ich mir, Ihnen, sehr verehrter Herr Young, meine besten Grüsse zu übermitteln.

Ich bin der Ueberzeugung, dass die Bestrebungen der Internationalen Handelskammer, durch Beseitigen der dem internationalen Handel entgegenstehenden Hindernisse die Handelsbeziehungen der Völker zu vertiefen, auch auf dem Gebiete der Luftfahrt viel Gutes tun, und wünsche den Arbeiten der Internationalen Handelskammer vollen Erfolg.

Ihr sehr ergebener

Hugo Junkers

Atlantikflug der Junkers W 33 „Bremen“

Pioniergeist, Forscherdrang und technisches Know-how feierten 1928 einen großen Triumph, als am 12. und 13. April mit einem Junkers-Flugzeug die erste europäische Atlantiküberquerung nach Amerika erfolgte. Die „drei Musketiere der Lüfte“ nannte man Flugkapitän Hermann Köhl (1888-1938), den irischen Major James Charles Fitzmaurice (1898-1965) und Ehrenfried Günther Freiherr von Hünefeld (1892-1929), hier von New York kommend bei der Ankunft in Bremerhaven. Der Flug war in menschlicher und technologischer Hinsicht ein Sieg über die Gewalten der Natur.

Oben rechts: Die „Bremen“ nach ihrer Landung auf dem kanadischen Greenly Island. Damit war der praktische Beweis erbracht, dass die Möglichkeit besteht, den Atlantik von beiden Seiten her im Non-Stop-Flug zu überqueren. Was danach folgte, war ein triumphaler Empfang in New York und in anderen Städten der USA sowie nach der Rückkehr der Piloten in Deutschland.

Zwei Zeitdokumente, ein Brief von Prof. Junkers an den Präsidenten der Internationalen Handelskammer in New York und eine Sonderausgabe der größten Tageszeitung im damaligen Mitteldeutschland, verdeutlichen die allgemeine Euphorie für diesen Flug.

Alle Fotos: Sammlung des Autors

Hugo Junkers und das Bauhaus

Das Jahr 1925 sollte auch noch in einer anderen Hinsicht bedeutungsvoll für das Leben von Hugo Junkers werden, brachte es ihn doch in innigen Kontakt zu einer bekannten deutschen Kunstrichtung, die mit dem Namen des Bauhauses, mit Künstlern wie Lyonel Feininger, Paul Klee, Wassily Kandinsky, Oskar Schlemmer, László Moholy-Nagy, Georg Muche, Herbert Bayer, Joost Schmidt und Architekten wie Walter Gropius, Hannes Meyer, Ludwig Mies van der Rohe und Ludwig Hilberseimer verbunden ist. Im Frühjahr 1925 war das Bauhaus von Weimar nach Dessau übergesiedelt, dort herzlich empfangen worden von einem Kreis von Freunden, zu denen auch Prof. Hugo Junkers gehörte. Hans Maria Bongers, zu diesem Zeitpunkt leitender Betriebskaufmann der Junkers-Luftverkehr und einer der geistigen Väter der heutigen Deutschen Lufthansa AG, schrieb dazu in seinen anno 1971 veröffentlichten Lebenserinnerungen: „Wir Junkers-Leute engagierten uns natürlich sofort. Das Bauhaus war Fortschritt, es brachte neue Ideen. Das war auch unser Element. Vielleicht waren wir für die Wahl Dessaus nicht ganz ohne Einfluss, da hier Professor Junkers wirkte und ein fortschrittliches und großzügiges Klima herrschte. Dessau wurde nun erst recht für viele zum Mekka.“ Eine Einschätzung, die auch Ise Gropius (1897–1983) am 21. März 1925 in ihrem Tagebuch festhielt: „G. von Dessau zurück. Situation scheinbar gerettet. Die Industrie nach vielen Mühen gewonnen. Vor allem Junkers, der sich sehr für den ganzen Bauhausplan interessiert und gleich überlegt hat, wie man praktisch zusammenarbeiten kann.“

Junkers' ständige Aufgeschlossenheit für neue Ideen brachte ihn auch in enge Verbindung mit dem Dessauer Bauhaus. Er wurde Mitglied des Kreises der Bauhaus-Freunde, und zwischen Junkers-Leuten und Bauhaus-Leuten knüpften sich bald engere Beziehungen. Hugo Junkers selbst war spätestens durch den seit 1923 in den Junkers-Werken als Werbefachmann angestellten Friedrich Peter Drömmer (1889–1968) – einen expressionistischen Maler, der bereits 1919 im Bauhaus in Weimar mit seinem Kieler Malerfreund Karl Peter Röhl tätig war – auf das Wirken des Bauhauses aufmerksam geworden. Die Firma Junkers & Co. installierte in Weimar im Bauhaus-Versuchshaus am Horn 1923 die entsprechenden Warmwasser-Apparaturen.

Drömmer hatte 1925 eines der berühmtesten Markenzeichen der Welt, den stilisierten fliegenden Menschen, entworfen. Er vermittelte bereits 1923 den Bauhaus-Studenten Siegfried Ebeling (1894–1963) an das Privatbüro von Hugo Junkers, der auch im Dessauer Baubüro von Walter Gropius tätig war. Während der Feierlichkeiten zur Einweihung des Bauhaus-Gebäudes verteilte Ebeling sein soeben erschienenes Buch: „Der Raum als Membran". Eine bemerkenswerte Veröffentlichung, die Hugo Junkers interessiert zur Kenntnis nahm und von den Architekten Bruno Taut und Ludwig Mies van der Rohe hoch geschätzt wurde.

Unten: Annäherung von Kunst und Technik – wenige Tage vor der offiziellen Einweihung überfliegt eine Junkers G 31 das Dessauer Bauhaus-Gebäude im November 1926.
Foto: Sammlung des Autors

Mit Drömmer aber war Junkers nicht nur durch gemeinsame Verehrung für die Malerei des Expressionismus und der technikorientierten Kunst verbunden, sondern auch durch das Bemühen, für die Massenprodukte Dessaus ein Design zu entwickeln, das hohen ästhetischen Ansprüchen genügte. Modernes Design sollte nicht nur die Metallflugzeuge von Junkers auszeichnen, sondern auch die Inneneinrichtung seiner ab 1925 entstandenen Verkehrsgroßflugzeuge, wie der G 31, die während ihres Erstfluges am 13. September 1926 dem Bauhaus-Gebäude eine Reverenz erwies.

In den Betrieben von Junkers erhielt der Bauhaus-Jungmeister Marcel Breuer (1902–1981) die Möglichkeit, ab Sommer 1925 seine ersten Stahlrohrmöbel zu entwickeln und zu fertigen, die in abgewandelter Form auch in Verkehrsflugzeugen Verwendung fanden.

„Heute mehr wie je brauchen wir den höchsten Grad von Fähigkeiten. Also, entweder ein und dieselbe Person, ein guter Künstler und ein guter Techniker in Vereinigung, was höchstens ausnahmsweise möglich; oder: Der gute Künstler arbeitet mit dem guten Techniker zusammen. Um eine Idee zu fassen, braucht man kein technisches Können oder Wissen. Um diese Idee zu entwickeln, braucht man technisches Können und Wissen." Diese Aussage von Marcel Breuer bestätigte Walter Gropius in seinem Aufsatz in der Zeitschrift „Die Form", Nr. 6 vom März 1926, den er mit der Frage titulierte: Wo berühren sich die Schaffensgebiete des Technikers und des Künstlers?

Am Beispiel des Flugzeugbaus der Junkers-Werke erläutert der Gründer und Direktor des Bauhauses die geistige Symbiose zwischen Kunst und Technik und kommt zu der Erkenntnis: „Das Kunstwerk hat im geistigen wie im materiellen Sinne genauso zu funktionieren wie das Erzeugnis des Ingenieurs, z.B. wie ein Flugzeug, dessen unerbittliche Bestimmung es ist, zu fliegen. In diesem Sinne kann der künstlerisch Schaffende in ihm ein Vorbild sehen und aus der Vertiefung in seinen Entstehungsvorgang wertvolle Anregung für sein eigenes Werk empfangen." So war das Flugzeug Faszination und Inspiration zugleich, ein Symbol der Technik, das die Bauhäusler als „fliegende Architektur" bezeichneten.

Der Techniker ließ sich umgekehrt auch von der Kunst inspirieren.

Die Faszination, die vom Expressionismus und von der Ästhetik der Neuen Sachlichkeit des Bauhauses auf Junkers ausstrahlte, erklärt sich auch daraus, dass Junkers bereits 1924 als Auslober im Ideenwettbewerb für das Hochhausprojekt Tempelhofer Feld in Berlin und mit dem unter seiner Protektion entwickelten Lamellendach neue konstruktive und gestalterische Akzente in die Methoden des Leichtbaues einbrachte. Er fühlte sich hier in vielfacher Weise durch die Ideen von Walter Gropius, Hans Luckhardt, Wassili Luckhardt und Alfons Anker, aber auch durch die USA-Architekten Albert Kahn, Richard Buckminster Fuller und andere angeregt und herausgefordert. Allein 28 Patente zum Thema der Metallleichtbauweise in der Architektur und Baukonstruktion sowie die zahlreichen gestalterischen Vorschläge auf dem Gebiet der baugebundenen Kunst charakterisieren die Vielseitigkeit Hugo Junkers' als Wissenschaftler, Konstrukteur und Visionär.

Die Begegnung mit Künstlern des Bauhauses und dessen Umfeld schloss auch die Berührung und Auseinandersetzung mit ihrer Weltanschauung und Gesinnung ein. Drömmer holte im April 1929 seinen Freund Dr. Adolf Dethmann (1896–1979) nach Dessau, der Hugo Junkers zweieinhalb Jahre lang als Privatsekretär diente und einer seiner vertrautesten Berater wurde. Junkers kam durch seine Verbindung mit dem Bauhaus in Kontakt und Austausch mit Intellektuellen, die sich im politischen Spektrum der Weimarer Republik eindeutig links empfanden. Was immer man dem Dessauer Großindustriellen nachsagen konnte, Berührungsängste zeichneten ihn nicht aus. Wurde das Weltbild einer linken künstlerischen Avantgarde von ihm auch nicht angenommen, er tolerierte und förderte es. Zumindest spiegelte es sich in Junkers' zunehmender Hinwendung zu sozialen Fragen unter den Prämissen einer sich stetig entwickelnden technikorientierten Kultur wider.

Es war sicherlich alles andere als ein Zufall, dass im selben Jahr, als das Bauhaus nach Dessau übersiedelte, Junkers am 8. November 1925 erste Überlegungen für den Bau rationeller Wohnhäuser in seinem Tagebuch skizzierte. Das entsprach sowohl dem Zeitgeist jener Jahre scheinbar gefestigten Wohlstandes als auch der uns schon geläufigen Art und Weise, wie Junkers lang erworbene Forschungserfahrungen auf ein neues Gebiet ausdehnte, das des Metallwohnhauses. Dabei knüpfte Prof. Junkers an eine Tagebuchaufzeichnung vom 31. Januar 1897 an, wo er notierte: „Ästhetische Gesichtspunkte, wie sie in der dem Maschinenbau verwandten Architektur häufig maßgebend sind, müssen der Hoffnung auf die zukünftigen Geschlechter überlassen bleiben." Nun hielt er den Zeitpunkt für gekommen, sich diesen Aufgaben aus ingenieurtechnischer bzw. naturwissenschaftlicher Sicht zu stellen.

Seine Überlegungen gingen dahin, einen neuen Werkstoff in die Architektur einzuführen, der billiges, schnelles und hochwertiges Bauen erlaubte. Die von ihm entworfenen Gebäude sollten alle Vorzüge des seinerzeit bekannten Wohnkomforts vereinen, orientierten sich überdies – weit seiner Zeit voraus – auf erstklassige Isolierung, Wärmedämmung und Gewinnung billiger Sonnenenergie im Hause. Offenbar durch das Wirken des Bauhauses inspiriert, konzipierte man in den Junkers-Werken auch eine neue Art der Innenausstattung der Wohnungen. In einer 1930 verfassten Denkschrift hieß es dazu: „Die neue Zeit hat die Form der Gebrauchsgegenstände außerordentlich stark gewandelt. Die Ansichten über Wohnhygiene, Lebensart und -gewohnheiten haben sich grundsätzlich geändert. Bei aller Gärung ist bereits erkennbar das Verlangen nach Klarheit, Sachlichkeit und Verzicht auf komplizierte Zierformen. Metallhaus und Metallrohrmöbel sollten ein neues Leben und Wohnen ermöglichen."

Oben: Wissenschaftliche Exkursion der Universität Kapstadt in Dessau, Januar 1929. Einem Besuch des Junkers-Flugzeugwerkes schlossen sich ein Rundflug über das Stadtgebiet und eine Führung durch das Bauhaus-Gebäude an. Unten von links: W. Kandinsky, F. Hesse, Prof. H. Junkers, Prof. B. Bohle aus Kapstadt, L. Feininger und H. Meyer.

Foto: Sammlung des Autors

Die Entmachtung von Prof. Junkers durch die Nationalsozialisten vollzog sich hinter dem Rücken der Öffentlichkeit. Durch eine Täuschung gelang es ihnen, die „Werkschar“, wie die Mitarbeiter des Junkers-Konzerns nun hießen, für ihre Interessen zu missbrauchen. Der Machtanspruch Hermann Görings als Reichsluftfahrtminister über das Lebenswerk von Junkers wurde während eines Betriebsrundganges offen zur Schau getragen. Von links: H. Koppenberg, H. Baur, H. Göring, E. Udet, R. Thiedemann.

Foto: Sammlung des Autors

Die Entmachtung

Der Junkers-Konzern in den Händen der Nationalsozialisten

In einer Zeit wachsenden Antisemitismus, der durch den organisierten deutschen Nationalsozialismus am offensten, beileibe jedoch nicht allein vertreten wurde, gehörte Junkers 1929 zum Kuratorium der Gedenkfeiern für den Dessauer Philosophen Moses Mendelssohn (1729–1786). An seiner Seite befanden sich Wissenschaftler wie Albert Einstein, Künstler wie Max Liebermann oder Schriftsteller wie Arnold Zweig. Derartiges öffentliches Engagement für Frieden und Völkerversöhnung, für Humanität und künstlerische Weltoffenheit stand im Gegensatz zu der Geringschätzung, die Hugo Junkers vom höchsten Repräsentanten der Weimarer Republik entgegengebracht wurde, dem kaiserlichen Generalfeldmarschall Paul von Hindenburg. Und nicht nur von ihm. Die oberste Heeresleitung der Reichswehr betrachtete die rebellische Aufsässigkeit eines Hugo Junkers gegen den Machtanspruch des Militärs im deutschen Luftverkehr als unverzeihlich.

Überhaupt verschlechterten sich Junkers' Beziehungen zur Reichswehr Ende der Zwanzigerjahre und besonders in den frühen Dreißigerjahren erheblich. Im Zuge des Ausbaues der Dessauer Werke, des Übergangs zur Reihenproduktion im Flugzeug- und Motorenbau, wuchs sogar seine militärische Bedeutung als größter potenzieller Flugzeugproduzent.

Dem entsprachen allerdings nicht die militärischen Leistungen der Junkers-Werke, die sich stets vorrangig auf Probleme des Verkehrsflugzeuges orientierten. Prof. Junkers fügte sich immer weniger in das Luftrüstungskonzept der Reichswehr ein, wie es insbesondere seit 1928 entwickelt worden war. 1931 wurde die Junkers K 47 vom Erprobungsprogramm der Reichswehr abgesetzt, weil die Maschine nicht den aufgestellten „technischen Forderungen" der Militärexperten entsprach. Am 31. März 1932 bemängelte die Reichswehr erneut die überaus schlechte Zusammenarbeit mit Junkers, der ihren Angaben zufolge noch kein einziges Militärflugzeug für ihre Zwecke hergestellt habe. In den geheimen Aufrüstungsplänen der Reichswehr setzte man alle Flugzeuge der Junkers-Werke deshalb ab.

Die Situation spitzte sich auch innenpolitisch zu. Die Auswirkungen der Weltwirtschaftskrise zeitigten für die deutsche Flugzeugindustrie katastrophale Folgen. Die Dessauer Werke erlitten vor allem starke Einbußen auf dem Auslandsmarkt, was schwere finanzielle Folgen heraufbeschwor, die noch durch eine ungeahnte Verschärfung der sozialen Konflikte in den Werken selbst gesteigert wurde. Hugo Junkers veränderte daraufhin die Leitungsspitze des Konzerns grundlegend. Ende 1931 entließ er mit den Brüdern Sachsenberg jene Gruppe von Mitarbeitern, die wie Killinger, Longolius, Kaumann u. a. Träger extrem expansiver und nationalistischer Auffassungen gewesen waren und 1931 auf die Positionen der Hitlerpartei ein-

Unten: Unter der Ägide von Prof. Junkers zeigte sich die Firmenleitung der Junkers-Werke letztmalig am 9. November 1929 bei der Präsentation des Großflugzeuges, einer Junkers G 38, auf dem Flughafen Berlin-Tempelhof der Presse. Von links: H. Schleissing, E. Körner, T. Scholl, R. Thiedemann, Prof. H. Junkers, M. Ringwald, E. Becker, Prof. O. Mader.

Foto: Sammlung des Autors

schwenkten. In den Augen der Reichswehr waren es politisch unzuverlässige oder zumindest verdächtige Personen, denen nunmehr die Leitung des größten und modernsten deutschen Flugzeugwerkes oblag.

Besonders gefährlich erschien der neue Direktor, Dr. Adolf Dethmann, gegen den schon 1932 von der Berliner Abwehrstelle der Reichswehr „schwere Bedenken in politischer Hinsicht" erhoben worden waren, weil man ihn verdächtigte, dass er „Beziehungen zur Russischen Regierung unterhielte".

Im Zeichen der endgültigen reaktionär-aggressiven Wende der Innen- und Außenpolitik der Weimarer Republik, wie sie die Einsetzung der Regierung Brünings markierte, in der Atmosphäre eines extrem gesteigerten Chauvinismus und Revanchismus, eines stetig sich entwickelnden Nationalsozialismus und heraufdämmernden Hochrüstungskurses konnte Hugo Junkers zu Beginn der Dreißigerjahre immer weniger Hoffnung auf politischen Zuspruch oder finanzielle Beihilfe setzen. Die Deutsche Demokratische Partei löste sich im Gefolge des Rechtsdrucks auf und beging in letzter Instanz mit der Bildung der auf rechten Kurs einschwenkenden Deutschen Staatspartei sogar politischen Selbstmord.

In Anhalt fand diese Wendepolitik im ersten Halbjahr 1932 statt. Im Januar 1932 wurde die langjährige Regierungskoalition von Sozialdemokraten und Demokraten gestürzt und am 22. Mai 1932 das NSDAP-Mitglied Dr. Freyberg zum Ministerpräsidenten gekürt, der Deutschnationale Dr. Knorr als sein Stellvertreter eingesetzt. Bereits im Juli tobte in Dessau der braune Terror, wurden Wahlversammlungen auch der Demokraten gesprengt. Der bei den Junkers-Werken als Ingenieur tätige Reichbannerhundertschaftsführer Wilhelm Feuerherdt wurde am 9. Juli 1932 bestialisch ermordet.

Zu einem Zeitpunkt, als die neuen Machthaber der Stadtverwaltung Dessau und des Freistaates Anhalt über die Schließung des Bauhauses abstimmten und den Abriss des Bauhaus-Gebäudes forderten, übergab Hugo Junkers dem Bauhaus-Direktor Ludwig Mies van der Rohe und dem Städteplaner Ludwig Hilberseimer den Auftrag, für die Junkers-Werke eine neue Werksiedlung mit allen sozial-kulturellen Folgeeinrichtungen zu projektieren und wirtschaftliche Standortfragen der Junkers-Werke unter dem Aspekt einer künftigen Raumentwicklung der Stadt zu untersuchen. Als die Stadt und das Land die Zuschüsse für den Dessauer Luftverkehrsanschluss sperrten und aus dem offiziellen Flugplan der Luft Hansa herausnahmen, präsentierte Prof. Junkers sein vom Bauhaus entworfenes Flughafenprojekt. In den Augen der Nationalsozialisten ein unverzeihlicher Affront gegen ihre politischen Ziele.

Rechts: Im Herbst 1927 fertigte der in Dresden ansässige Fotomeister und Lichtbildner Hugo Erfurth eine Fotoserie von Prof. Junkers an, die er ihm am 8. November 1927 zusandte. Besonders die Porträtaufnahmen zeigen das Wesen und Charisma der Persönlichkeit Hugo Junkers.
Foto: Sammlung des Autors

Der Bankrott

Im Zusammenhang mit der Weltwirtschaftskrise drohte erneut der wirtschaftliche Bankrott über Junkers. Das mobilisierte einflussreiche Wirtschaftskräfte, sich des Dessauer Unternehmens als künftiger Rüstungsschmiede zeitgerecht zu versichern. Junkers sollte entweder aufgekauft oder durch Kreditaufnahme abhängig gemacht werden.

Doch das Triumphgeschrei der Nationalsozialisten erklang zu früh. Die Dessauer Werke für Gasbadeöfen und Warmwasseranlagen, bereits in den Zwanzigerjahren zur finanziellen Sanierung des Flugzeug- und Motorenbaus stets herhaltend, verkaufte Junkers an den Bosch-Konzern. Damit stellte er im November 1932 noch einmal die von ihm beanspruchte Selbstständig-

Mitglieder des Kuratoriums der Moses-Mendelssohn-Stiftung, dem auch Hugo Junkers angehörte, vor dem Portal des Wörlitzer Schlosses bei Dessau, 1929

Foto: Sammlung des Autors

keit in den Forschungsanstalten der Flugzeug- und -Motorenwerke Dessau her.

Die tiefe Krise zu Beginn der Dreißigerjahre veranlasste Junkers, sich Rechenschaft über die Entwicklung seines Unternehmens im vergangenen Jahrzehnt abzulegen. Wenn das chinesische Sprichwort wahr ist, dass nur tote Fische mit dem Strom schwimmen, so enthüllte die Bilanz die Lebendigkeit eines Junkers, der sich anschickte, kräftiger als je zuvor gegen den Strom zu schwimmen. Eine Art Aufbruchstimmung schien über den Siebzigjährigen gekommen zu sein; ähnlich den Künstlern, die in hohem Alter mit ihren letzten Motiven durchaus unbewusst zu ihren ersten zurückkehren.

Verfolgung und Enteignung

Was Hugo Junkers an der Wende des Jahres 1932/33 beschäftigte, war die Rückbesinnung auf einstige Hoffnungen und Blütenträume: Forschung und Technik sah er als entscheidende Hebel an, mit denen sich die bürgerliche Gesellschaft ändern und verändern ließe, Forschung als Mittel zur Bereicherung menschlicher Erkenntnis zu nutzen. Zugleich bewegten den über Siebzigjährigen immer stärker Fragen nach dem Sinn seines Tun und Handelns, nach seinem eigentlichen Lebensziel. Die Kämpfe und Auseinandersetzungen der letzten Jahre waren nicht spurlos an ihm vorübergegangen. Am meisten beklagte er „diese entsetzlich ewige Leerlaufarbeit", die ihm kaum Zeit zur Forschung lasse. Voller Sorge verfolgte er die kriegseifernden, revanchelüsternen Töne in der deutschen Politik.

Er notierte: „Es gibt viele Arten von Kampf. Die Weltgeschichte pflegt über die mit tödlich wirkenden Waffen ausgefochtenen Kämpfe mit Vorliebe zu berichten. Das sind aber nicht immer die wichtigsten, wie auch die tödlich wirkenden materiellen Waffen nicht

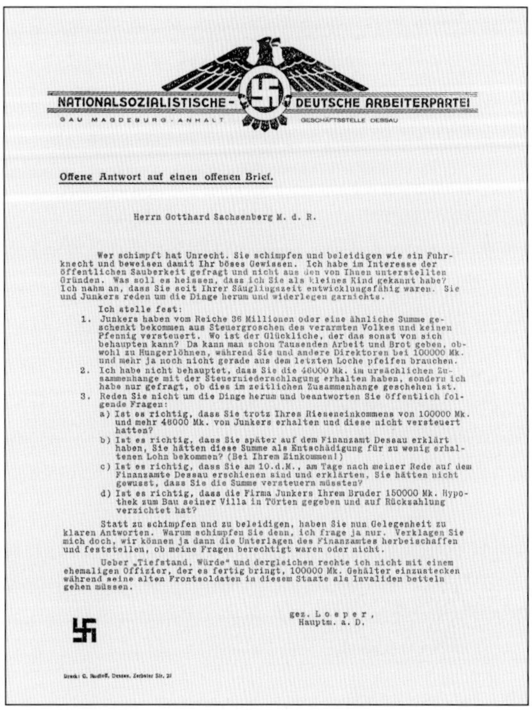

NATIONALSOZIALISTISCHE - DEUTSCHE ARBEITERPARTEI
GAU MAGDEBURG - ANHALT   GESCHÄFTSSTELLE DESSAU

Offene Antwort auf einen offenen Brief.

Herrn Gotthard Sachsenberg M. d. R.

Wer schimpft hat Unrecht. Sie schimpfen und beleidigen wie ein Fuhrknecht und beweisen damit Ihr böses Gewissen. Ich habe im Interesse der öffentlichen Sauberkeit gefragt und nicht aus den von Ihnen unterstellten Gründen. Was soll es heissen, dass ich Sie als kleines Kind gekannt habe? Ich nahm an, dass Sie seit Ihrer Säuglingszeit entwicklungsfähig waren. Sie und Junkers reden um die Dinge herum und widerlegen garnichts.

Ich stelle fest:

1. Junkers haben vom Reiche 36 Millionen oder eine ähnliche Summe geschenkt bekommen aus Steuergroschen des verarmten Volkes und keinen Pfennig versteuert. Wo ist der Glückliche, der das sonst von sich behaupten kann? Da kann man schon Tausenden Arbeit und Brot geben, obwohl zu Hungerlöhnen, während Sie und andere Direktoren bei 100000 Mk. und mehr ja noch nicht gerade aus dem letzten Loche pfeifen brauchen.
2. Ich habe nicht behauptet, dass Sie die 46000 Mk. im ursächlichen Zusammenhange mit der Steuerniederschlagung erhalten haben, sondern ich habe nur gefragt, ob dies im zeitlichen Zusammenhange geschehen ist.
3. Reden Sie nicht um die Dinge herum und beantworten Sie öffentlich folgende Fragen:
   a) Ist es richtig, dass Sie trotz Ihres Rieseneinkommens von 100000 Mk. und mehr 46000 Mk. von Junkers erhalten und diese nicht versteuert hatten?
   b) Ist es richtig, dass Sie später auf dem Finanzamt Dessau erklärt haben, Sie hätten diese Summe als Entschädigung für zu wenig erhaltenen Lohn bekommen? (Bei Ihrem Einkommen!)
   c) Ist es richtig, dass Sie am 10.d.M., am Tage nach meiner Rede auf dem Finanzamte Dessau erschienen sind und erklärten, Sie hätten nicht gewusst, dass Sie die Summe versteuern müssten?
   d) Ist es richtig, dass die Firma Junkers Ihrem Bruder 150000 Mk. Hypothek zum Bau seiner Villa in Törten gegeben und auf Rückzahlung verzichtet hat?

Statt zu schimpfen und zu beleidigen, haben Sie nun Gelegenheit zu klaren Antworten. Warum schimpfen Sie denn, ich frage ja nur. Verklagen Sie mich doch, wir können ja dann die Unterlagen des Finanzamtes herbeischaffen und feststellen, ob meine Fragen berechtigt waren oder nicht.

Ueber „Tiefstand, Würde" und dergleichen rechte ich nicht mit einem ehemaligen Offizier, der es fertig bringt, 100000 Mk. Gehälter einzustecken während seine alten Frontsoldaten in diesem Staate als Invaliden betteln gehen müssen.

gez. L o e p e r ,
Hauptm. a. D.

Druck: G. Rudloff, Dessau, Zerbster Str. 2[illegible]

Offener Drohbrief des NSDAP-Gauleiters von Magdeburg-Anhalt, Wilhelm Friedrich Loeper, aus dem Jahr 1932 gegen einen leitenden Junkers-Mitarbeiter. Schreiben dieser Art, meist jedoch anonym und nur mit einem Hakenkreuz gekennzeichnet, erhielten Hugo Junkers, dessen Familie und enge Werksmitarbeiter wiederholt und regelmäßig ab 1930. Eine von der Dessauer Polizei eingesetzte Sondereinheit konnte nie einen Tatverdächtigen ermitteln.

Foto: Sammlung des Autors

immer die wirkungsvollsten sind. Wichtiger sind die geistigen Waffen und das technisch-wirtschaftliche Kampfgebiet. Das Letztere ist es jedenfalls, welches unserer Zeit den Stempel aufdrückt."

Doch was seit dem 30. Januar 1933 weder durch Zufall noch durch Schicksal, sondern durch das zielbewusste Handeln gesellschaftlicher Gruppen über Deutschland hereinbrach, forderte einen Hugo Junkers auf doppelte Weise heraus: Was der an die Macht geschwemmte deutsche Nationalsozialismus wollte, war Krieg, der große Kontinente und Regionen umspannende Welt- und Eroberungskrieg. Vorbereitet wurde dieser mit einer überdimensionierten Hochrüstung, was für die Forschung nur noch reine Zweckforschung war, um die Mittel der Aggression optimal zu entwickeln. Krieg und Kriegsvorbereitung bewirkten langfristig, was sich Junkers bereits seit 1918 und nach seiner Fehde mit der Reichswehr fest ins Gedächtnis eingebrannt hatte. Er war dieser Überzeugung – trotz aller gesellschaftlichen Gebundenheit seines Handelns – seit Mitte der Zwanzigerjahre weitgehend treu geblieben. Die neuen Machthaber unter Hitlers Regie aber verlangten von ihm seit Januar 1933 im großindustriellen Rüstungsinteresse bedingungslose Unterwerfung von Forschung und Produktion unter die Gesetze des Krieges und der Rüstung. Und in diesem Punkt begann sich Junkers zu verweigern. Er tat dies aus wissenschaftlicher Überzeugung, aus Charakter, aus Verantwortung und aus politischer Erfahrung. Dieser Mann des Bürgertums, ein Forscher und Großindustrieller, ließ sich nicht durch den Nationalsozialismus „gleichschalten", sondern widersetzte sich mit den ihm eigenen Mitteln. Er leistete keinen Widerstand, doch Anpassung an die neuen Machthaber blieb ihm fremd.

Die ersten Schritte, die der nationalsozialistische Staat zwischen dem 30. Januar und 2. Februar 1933 gegen Junkers einleitete, knüpften dort an, wo seine Gegner am Ende der Weimarer Republik aufgehört hatten: Sie verlangten von ihm die sofortige Übergabe aller Patentrechte auf die Dessauer Werke, widrigenfalls sie ihm die Bezahlung bereits an das Reich gelieferter Erzeugnisse sperrten. Gleichzeitig wurden die Junkers-Werke aus der Liste derjenigen Unternehmen gestrichen, die im Rahmen eines NS-Sofortprogramms Finanzbeihilfen erhalten sollten. Dieses „Programm für Arbeitsbeschaffung" diente tatsächlich der Ankurbelung der Rüstung. Junkers galt in den Augen des künftigen Luftfahrtministers Hermann Göring und seines Staatssekretärs Erhard Milch als „überzeugter Demokrat und Pazifist", „Mitglied vieler Vereine, die leicht jüdisch, linksgerichtet, liberal oder gar als kryptobolschewistisch zu erkennen waren". Unschwer lassen sich diese Argumente als Wiederholung jener Anschuldigungen erkennen, mit denen Junkers seit Jahren konfrontiert wurde. Die Ablehnung dieser Erpressung beantworteten die Nationalsozialisten mit Gewalt: Auf Anweisung von Göring und unterstützt von der Reichswehr, wurden am Abend des 23. März 1933 Dethmann, Drömmer und der Sohn eines k.-u.-k.-Feldmarschalls, Benno Fiala von Fernbrugg, einer der erfolgreichsten Jagdflieger der Habsburger Monarchie, verhaftet und im „Interesse der Landesverteidigung in Schutzhaft" genommen. Junkers wurde mitgeteilt, dass er erst nach Übergabe seiner Patentrechte mit einer Entlassung seiner Mitarbeiter rechnen könne. Zugleich wurden ihm Freiheitsbeschränkungen auferlegt. Am 2. Juni 1933 unterzeichnete Hugo Junkers „unter dem Zwang der Umstände" das geforderte Patentübertragungsabkommen.

Am 15. Oktober wurde Junkers, der sich in Bayrischzell aufhielt, durch den Oberstaatsanwalt Lämmler ultimativ aufgefordert, sofort an einer Besprechung in Dessau teilzunehmen. Seine Bitte um Verschiebung des Termins beantwortete Lämmler mit einer Weisung an die politische Polizei, Junkers zwangsweise vorzuführen. In einer dramatischen Nachtsitzung vom 17. zum 18. Oktober 1933 wurde Junkers nach sechsstündiger Dauer um 2 Uhr nachts gezwungen, 51 Prozent seiner Aktien an den Treuhänder Müller von der NSDAP zu übergeben. Mittel der Erpressung war für Lämmler eine von ihm verfasste politische Anklageschrift, in deren entscheidenden Passagen zur Begründung der Beschlagnahme der Junkers-Werke es hieß: „Junkers ist Pazifist. Er ist Demokrat. Er hat stets zu den Marxisten gehalten. Er hat fortgesetzt Ausländern vertraut, ihnen Geheimnisse seiner Werke preisgegeben. Er hat die Leitung seiner Werke verdächtigen und politisch belasteten Personen überlassen."

Um zu verhindern, dass Junkers die von ihm erzwungene Unterschrift widerrufen oder juristisch anfechten würde, bediente sich der Justiz- und Polizeiapparat zweier Hauptmethoden. Einerseits wurde Junkers unter eine Art Ausnahmegesetzgebung gestellt:

Ihm wurden der Besuch Dessaus oder gar das Betreten der Dessauer Werke verboten; er wurde in seiner Bewegungsfreiheit auf München und Bayrischzell begrenzt, der Verkehr mit allen Junkers-Mitarbeitern wurde ihm verboten, namentlich zu Dethmann und Drömmer; seine Post wurde überwacht, sein Telefonverkehr unterbrochen; er selbst wurde ständig durch die Gestapo überwacht. Nicht in seinem Haus wohnende Familienangehörige durfte er nur mit Genehmigung und im Beisein eines Gestapo-Beamten sprechen. Lämmler hingegen setzte die Arbeiten an der politischen Anklageerhebung gegen Junkers fort, ausdrücklich durch Hitler, Heß, Göring, Milch und Heydrich dazu ermächtigt. Die Drohung mit einem Strafverfahren sollte über Junkers wie ein Damoklesschwert hängen, ihn zum Stillhalten zwingen.

Junkers hielt sich in jenen Monaten von der Luftfahrt fern und arbeitete dafür mit einer an Besessenheit grenzenden Energie über Probleme zum Metallhausbau. Eigens dazu wurde eines seiner Dessauer Versuchshäuser nach München-Allach umgesetzt. Es gab wohl kaum ein Problem des Wohnens, des Haushaltens, der Lebensweise, der Beziehung Mensch, Natur und Technik sowie der Wirtschaftlichkeit des Bauens, das nicht untersucht wurde. Vom kleinsten Versuchsraum aus dünnwandigem Tiefziehblech bis zu kühnen Stahlkonstruktionen einer Millionenstadt plante Junkers und ließ entsprechende Modelle anfertigen. Sein ultramoderner Entwurf einer gehängten Tragwerkkonstruktion großer Spannweite kam auf der Weltausstellung von 1933 in Chicago nicht zur Ausführung. Deutschland nahm aufgrund seiner politischen und wirtschaftlichen Situation durch die Machtergreifung Adolf Hitlers nicht an dieser Ausstellung teil.

In seinem Tagebuch beschrieb er die politischen Zustände in Deutschland mit den Worten: „Die politischen Wogen gehen hoch. Mensch kämpft gegen Mensch ... Hass und Rachsucht sind schlechte Kutscher, sie führen in den Abgrund.“ Hugo Junkers starb am 3. Februar 1935, an seinem 76. Geburtstag. Fortan setzten von nationalsozialistischer Seite her eine verlogene Verklärung und ein schamloser Missbrauch seines Namens ein.

Links: Die Beisetzung von Prof. Hugo Junkers auf dem Waldfriedhof in München am 9. Februar 1935, vormittags 11.00 Uhr, fand unter großer Anteilnahme der Familie und der engsten Mitarbeiter seiner ehemaligen Werke statt.

Foto: Sammlung des Autors

Als Staatskonzern, der ab Juni 1936 unter dem Namen „Junkers Flugzeug- und -Motorenwerke AG (JFM)“ mit anderen Zweigwerken zur größten Luftschmiede des Dritten Reiches aufstieg und sich rühmte, das modernste Flugzeugwerk der Welt zu repräsentieren, erlebte das Unternehmen bis 1940 eine rasante wirtschaftliche Entwicklung, die vordringlich der militärischen Aufrüstung und dem Zweiten Weltkrieg dienen sollte. Dieser Zielstellung hatte sich der gesamte Konzern unterzuordnen. So entstand als eine strategische Angriffswaffe mit über 15.100 gefertigten Exemplaren der zweimotorige Mittelstreckenbomber JFM Ju 88.
Foto: Sammlung des Autors

Junkers Flugzeug- und -Motorenwerke AG (JFM)

Staatskonzern und Luftschmiede

Der Freistaat Anhalt war das erste Bundesland des Deutschen Reiches, das noch vor der Ernennung Adolf Hitlers zum deutschen Reichskanzler im Januar 1933 nach erfolgten Wahlen bereits ab Mai 1932 eine nationalsozialistische Landesregierung besaß. In dieser politisch wie auch wirtschaftlich spannungsgeladenen Zeit begann der anhaltische Oberstaatsanwalt Erich Lämmler auf Initiative von leitenden Mitarbeitern des späteren Reichsluftfahrtministeriums (RLM), in persona Erhard Milch, ein Verfahren wegen Vorwurf des Landesverrates gegen Professor Hugo Junkers anzustrengen. Als künftige Machthaber des Dritten Reiches waren die Nationalsozialisten an einer möglichst vollständigen Verfügungsgewalt über die Junkers-Werke, insbesondere am Flugzeug- und Motorenbau, interessiert. Ihrem Ziel, eine leistungsfähige deutsche Luftwaffe zu erreichen, stand Professor Hugo Junkers mit seinen ethischen Auffassungen und Idealen als unberechenbarer, ja störender Faktor gegenüber.

Bis Herbst 1933 ließen die Landesregierung Anhalt und das nach Hitlers Machtantritt unter der Führung von Hermann Göring gegründete RLM nichts unversucht, um Hugo Junkers politisch und wirtschaftlich zu brechen. Junkers, der wie kaum ein anderer Techniker und Wissenschaftler seiner Zeit die deutsche und internationale Luftfahrt wegweisend inspiriert und gefördert hat, wurde in fünf Schritten entmachtet.

1. Schritt: Am 2. Juni 1933 beugte sich Hugo Junkers dem Druck und unterzeichnete das so genannte Patentabkommen, womit das Deutsche Reich den kostenlosen Zugriff auf sämtliche Junkers-Patente auf dem Gebiet des Flugzeugbaus und Flugmotorenbaus erhielt.

2. Schritt: Im sogenannten Nachtrag zum Patentabkommen vom 18. Oktober 1933 erfolgte die Übergabe von 51 Prozent (die Majorität) der Junkers-Aktien an den Staat.

3. Schritt: Niederlegung der Ämter des Aufsichtsratsvorsitzenden und des Geschäftsführers der Junkers-Werke auf Veranlassung des RLM am 24. November 1933.

4. Schritt: Die endgültige Ausweisung aus Dessau mit der Weisung, dass das Betreten seiner Werke unter Strafandrohung stehe, war auf den 13. Dezember 1933 datiert. Als ständiger Aufenthaltsort unter polizeilicher Aufsicht wurde Prof. Junkers München und Bayrischzell vorgegeben.

Nach dem Tod von Hugo Junkers am 3. Februar 1935, seinem 76. Geburtstag, konnte das RLM seine Vorgehensweise forcieren und unterzeichnete als fünften Schritt am 3. April 1935 mit Therese Junkers einen sogenannten Übernahmevertrag als juristische Absicherung. Durch diese Enteignung wurden die Junkers Flugzeugwerke AG (Ifa) und die Junkers Motorenwerke GmbH (Jumo) Staatseigentum und ebneten mit ihren modernen Technologien und progressiven Verfahrenstechniken dem Reichsluftfahrtministerium den Weg zur Aufrüstung.

Der am 6. Dezember 1933 eingesetzte Aufsichtsratsvorsitzende der Junkers-Werke, Heinrich Koppenberg, verfügte als einstiger Flick-Direktor über ein gutes Organisationsvermögen und diplomatisches Geschick. Mit der Behauptung, Prof. Junkers habe sich von der Leitung der Werke zurückgezogen, um sich ausschließlich wissenschaftlichen Forschungen zuzuwenden, gelang es, eine Politik der vollendeten Tatsachen zu schaffen. Noch im gleichen Monat lief das Rüstungsprogramm in Dessau an. Da Fertigungshallen fehlten, wurde im gerade entstandenen Dessauer Reichsbahnausbesserungswerk die größte Halle für die Flugzeugfertigung angemietet. Dort entstand die Ju-52/3m-Behelfsbomberfertigung. Parallel dazu erfolgte der Ausbau des Dessauer Flugzeugwerkes zu einem technologischen Hochleistungszentrum der Flugzeugindustrie mit einer Großserienfertigung im Taktverfahren. Konkurrenzfähigkeit, Effektivität der Produktion waren die Prämissen der Neuprofilierung. Ziel war die Realisierung der Großaufträge des Staates zum Aufbau einer neuen deutschen Luftwaffe.

Mit geradezu amerikanischem Tempo setzte eine Bautätigkeit ein, die nicht nur das Dessauer Flugzeugwerk betraf, sondern im Technologietransfer den gesamten mitteldeutschen Raum zwischen Dessau und Halberstadt in Ost-West-Richtung sowie Magdeburg und Leipzig in Nord-Süd-Richtung umfasste. Ausgestattet mit Sondervollmachten, gelang es Heinrich Koppenberg mit wesentlicher Förderung von Erhard Milch, Staatssekretär im RLM, und Albert Kesselring

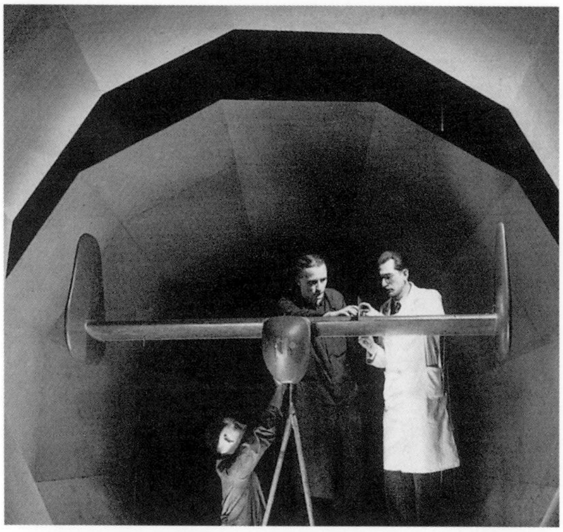

vom Generalstab der Luftwaffe, für 13 Millionen Reichsmark innerhalb von vier Jahren ein leistungsstarkes Unternehmen aufzubauen, das bis zum Ende des Zweiten Weltkrieges zu den größten und modernsten Flugzeugwerken der Welt gehörte.

Zwischen 1934 und 1937 entstand im JFM-Konzern eine wohldurchdachte, logistisch gegliederte Werkstruktur, die sich im Besonderen während der Bombenangriffe der Alliierten im Zweiten Weltkrieg bewähren sollte:

1934: • Flugzeugbau-Stammwerk Dessau (FSD);
1935: • Flugzeugbau-Zweigwerk Aschersleben (FZA);
• Flugzeugbau-Zweigwerk Halberstadt (FZH);
• Flugzeugbau-Zweigwerk Leopoldshall (FZL);
• Motorbau-Zweigwerk Köthen (MZK);
• Motorbau-Zweigwerk Magdeburg (MZM);
1936: • Flugzeugwerft Breslau (FWB);
• Flugzeugbau-Zweigwerk Schönebeck (FZS);
1937: • Flugzeugbau-Zweigwerk Bernburg (FZB);
• Flugzeugwerft Leipzig (FWL).

Dazu gehörte auch der Zusammenschluss der beiden einstigen Hugo Junkers Werke Ifa und Jumo zur Junkers Flugzeug- und -Motorenwerke AG (JFM) im Juni 1936 in Dessau. Mit diesem Schritt der Fusionierung war die letzte von Prof. Junkers initiierte Leitungsstruktur auf dem Gebiet des Flugzeug- und Motorenbaus juristisch beseitigt worden und zugleich der Weg geebnet, der zum Missbrauch seines Namens im Sinne der Kriegsvorbereitungen führen sollte.

Mit dieser in der deutschen Luftfahrtindustrie einmaligen Werksgliederung gelang es dem Konzernchef Koppenberg in der zweiten Hälfte der 1930er-Jahre, in Mitteldeutschland einen Industrieverbund aufzubauen, der das wirtschaftliche Rückgrat bei der Durchsetzung der Luftkriegspolitik im Interesse des

Oben links: Vorbereitung für einen Windkanalversuch am Leitwerk der JFM Ju 90 durch den Aerodynamiker Manfred Strauß, 1938
Foto: Sammlung des Autors

Oben: Strömungsmodell einer JFM Ju 90 im Windkanal. Der Aufbau der Messeinrichtung ist übersichtlich, sodass ihr Funktionsprinzip erkennbar ist.
Foto: Sammlung des Autors

Oben: Speziell für den Rumpfbau großer Flugzeugzellen hatte Johannes Haseloff mit einer Entwicklungsgruppe Fertigungspläne entworfen, die eine rationelle und zügige segmentierte Baugruppenmontage trotz des Kriegsgeschehens gewährleisteten. So hätten die JFM Ju 90 und ihre Folgemuster in Großserie gehen können, wenn nicht der angeordnete Baustopp zugunsten der Jägerproduktion das „Aus" bedeutet hätte.
Foto: Sammlung des Autors

Reichsministers Hermann Göring bildete. Zu diesem Luftfahrt-Industrieverbund Mitteldeutschland zählten auch die Ago in Oschersleben, die Siebelwerke in Halle, die Erla, die ATG und die Mitteldeutschen Motorenwerke in Leipzig.

Diese wirtschaftliche Konzentration hatte zwangsläufig auch soziale Auswirkungen auf die Region. Der Zuwachs der Bevölkerung in der preußischen Provinz Sachsen, speziell in den Regierungsbezirken Magdeburg und Merseburg, und auch im Land Anhalt stieg zwischen 1933 und 1939 sprunghaft an; ein Spitzenwert von 18,4 Prozent, der weit über dem Reichsdurchschnitt mit 3,8 Prozent lag. Bereits 1937 wies die Luftfahrtindustrie Mitteldeutschlands ca. 57.000 Beschäftigte aus, wovon mehr als 40.000 Personen zum JFM-Konzern gehörten. Am 31. Dezember 1943 lag der Personalbestand in den Junkers-Werken bei 140.030 Beschäftigten, davon 64.229 im Flugzeugbau und 73.336 im Motorenbau. Die Flugzeugzellen-Produktion gliederte sich 1943 in sechs Schwerpunkte:

- Stammwerk Dessau: Es war vor allem das Forschungs- und Entwicklungswerk mit etwa 14.000 Arbeitern.
- Zweigwerk Aschersleben: der Rumpfbau mit etwa 6.000 Beschäftigten.

- Zweigwerk Halberstadt: die Tragflächenfertigung, in der ebenfalls rund 6.000 Personen tätig waren.
- Zweigwerk Leopoldshall: der Leitwerkbau mit ca. 3.000 Personen.
- Endmontagewerk Bernburg: Mit Einflugbetrieb arbeiteten dort etwa 5.000 Menschen.
- Zweigwerk Schönebeck: Herstellung von Einspritzpumpen und Zubehörteilen mit 7.000 Beschäftigten.

Die innerbetriebliche Organisation

Innerhalb des JFM-Konzerns besaß jedes Werk einen kaufmännischen und technischen Werkleiter, dazu sämtliche Abteilungen, die eine autonome Gestaltung und Abrechnung der Warenproduktion erforderte. Dadurch entstand eine übersichtliche und überschaubare Aufgabenverteilung, die eine höchst effektive und flexible Produktionsdurchführung garantierte. Nur so ist es zu verstehen, dass der Großserienfertigung im neuen Junkers-Konzern ab 1937 im Vergleich zu anderen deutschen und europäischen Flugzeug- und Flugmotorenindustrien ein so großer und beispielloser Erfolg beschieden war.

Fordismus und Logistik im Flugzeugbau

Von Dezember 1933 bis März 1945 wurden im Dessauer JFM-Konzern über 12.500 Flugzeuge hergestellt, allein von 1939 bis 1945 kamen 10.225 Maschinen zur Auslieferung an das Reichsluftfahrtministerium. Mit Kriegsbeginn erfolgte eine systematische Produktionssteigerung von 922 Flugzeugen auf 930 Maschinen im Jahr 1940. Im zweiten Kriegsjahr 1941 wurden 1.279 Flugzeuge gefertigt, 1942 waren es 1.748 Maschinen, 1943 1.819 Flugzeuge, 1944 kam es zu einem Ausstoß von 3.105 Maschinen und von Januar bis März 1945 entstanden 422 Flugzeuge. Der Hauptanteil der Flugzeugproduktion setzte sich aus folgenden Flugzeugtypen zusammen:

- Ju 52/3m und Folgemuster als Passagier- und Transportflugzeug.
- Ju 86 als Passagier- und Bombenflugzeug.
- Ju 87 als Sturzkampfflugzeug.

- Ju 88 und Folgemuster als Stuka, Bomber, Aufklärer, Nachtjäger und Zerstörer.
- Ju 90 und Folgemuster als Transportflugzeuge und Fernbomber.

Neben der dreimotorigen Ju 52 als 15- bis 17-sitzige Passagiermaschine, die als Standardflugzeug im deutschen und internationalen Luftverkehr zum Einsatz kam, entwickelte der Diplom-Ingenieur Ernst Zindel 1934 innerhalb weniger Monate das zweimotorige Schnellflugzeug Ju 86. Die Maschine entstand in Glatt-

Oberes Bild: Die Fließreihenmontage des Stukas JFM Ju 87 nahm zwischen 1937 und 1943 einen breiten Raum ein.
Foto: Sammlung des Autors

Darunter: Auch im Junkers-Motorenbau wurden große Anstrengungen unternommen, um die vom RLM geforderten Stückzahlen zu realisieren.
Foto: Sammlung des Autors

Die JFM Ju 90 kann für sich in Anspruch nehmen, das erste und einzige viermotorige Langstreckenflugzeug des Junkers-Konzerns zu repräsentieren. Von dieser Maschine hat auch eine zivile Ausführung existiert.
Foto: Lufthansa

REUSSEN
LUFTHANSA

Oben: Durch die konstruktive Gestaltung der JFM Ju-88-Rümpfe in Schalenbauweise war eine Rumpfmontage in großen Stückzahlen möglich.
Foto: Sammlung des Autors

blechbauweise und war mit zwei Jumo 205-Schwerölmotoren ausgerüstet. Am 4. November 1934 fand der Erstflug statt. Der zwanzigstündige Non-Stop-Flug der Ju 86 A-1 „Bückeburg" am 22. und 23. August 1936 von Dessau nach Bathurst, bei dem 5.800 Kilometer zurückgelegt wurden, machte diesen Flugzeugtyp bekannt. Nach dem Sieg einer Ju 86 B-0 auf dem Oasenflug von Kairo über Luxor und Assuan im Februar 1937 und des Fernfluges einer weiteren Ju 86 von Dessau nach Australien entwickelte sich dieser Typ zum Exportgeschäft.

Von der Militärvariante der Ju 86 erhielt die deutsche Luftwaffe etwa 700 Maschinen. Eine Abwandlung dieses Typs, der Höhenfernaufklärer Ju 86 P, operierte bis circa 1941 erfolgreich in Höhen bis 12.000 Meter. Danach kam die Ju 86 R zum Einsatz, deren Flughöhe bis 15.000 Meter betrug.

Auf Anregung des Generalluftzeugmeisters Ernst Udet entstand im Februar 1934 durch den Diplom-Ingenieur Hermann Pohlmann die Grundidee eines zweisitzigen einmotorigen Sturzkampfbombers, der späteren Ju 87. Wohl kaum ein anderes Flugzeug ist so eng mit dem Beinamen „Stuka" behaftet wie diese Kampfmaschine. Ein Flugzeugtyp, der stellvertretend für das Aufrüstungsprogramm der deutschen Luftwaffe ab 1935 steht. Aufgrund ihrer soliden Konstruktion und ihrer technischen Parameter konnte sich die Ju 87 in einem Vergleichstest mit anderen Mitbewerbern der deutschen Luftfahrtindustrie erfolgreich durchsetzen. Den ersten Fronteinsatz erlebte das Flugzeug ab Dezember 1937 im Spanischen Bürgerkrieg bei der Kampfgruppe K 88 der Legion Condor.

Mit über 6.300 gebauten Ju 87 in verschiedenen Varianten gehörte dieses Flugzeug zwar nicht zu den volumenmäßig größten Luftwaffenträgern des Zweiten Weltkrieges, war jedoch das Menetekel deutscher Blitzkriegspolitik.

Ursprünglich als zweimotoriger Schnellbomber mittlerer Reichweite 1935/36 konzipiert, unterlag die Ju 88 in den Folgejahren ständig konstruktiven Änderungen. So entstand bis 1944 ein Flugzeugtyp, der in sechs mehr oder weniger großen Baureihen in über 60 Varianten gebaut wurde, wobei die Ju 88 A4 mit Abstand die zahlreichste war. Mit 15.100 gefertigten Exemplaren, davon im JFM Dessau 7.200 Stück, zählte die Ju 88 volumenmäßig zu den bekanntesten Kampfflugzeugen des Zweiten Weltkriegs und zum größten deutschen Flugzeugbeschaffungsprogramm.

Die anderen 7.900 Flugzeuge produzierten die Lizenznehmer Arado in Brandenburg/Havel, ATG in Leipzig, Dornier in Friedrichshafen, Heinkel in Oranienburg, Henschel in Schönefeld bei Berlin, die Norddeutschen Dornier-Werke in Wismar, Siebel in Halle, Opel in Rüsselsheim und VW in Fallersleben.

Dem Bernburger Zweigwerk der JFM, das 1936/37 speziell für die Endmontage von Flugzeugen errichtet wurde, kam die Aufgabe zu, die Serienproduktion des Bombers vorzubereiten und durchzuführen. Im Stammwerk Dessau erfolgten weiterhin die konstruktive Entwicklung und Spezifizierung der jeweiligen Baureihen bzw. Typen sowie die Einzelanfertigungen für

Versuchsmaschinen. Die Ju 88 war ein Flugzeugtyp, der, jeweils technisch modifiziert, als Horizontal- und Sturzkampfbomber, Schnell- und Fernbomber, See- und Fernaufklärer, Zerstörer, als Nachtjäger und als Panzerjäger eingesetzt werden konnte. Wie kaum ein anderer Flugzeugtyp der deutschen Luftwaffe verkörperte er die Erfahrungen und neuen Erkenntnisse in der Entwicklung der Luftfahrttechnik sowie praktische Flug- und Fronterfahrungen, die bei der ständigen Weiterentwicklung in Konstruktion und Gestaltung der Ju 88 B, Ju 188 bis zur Ju 388 berücksichtigt wurden.

Im Stammwerk Dessau entstand bis 1938 eine zentrale Steuerungs- und Koordinierungsstelle für das gesamte Ju-88-Flugzeugprogramm. Von der damaligen Logistik her gesehen eine Meisterleistung, waren doch acht Flugzeugwerke in die Fertigung eines ganz bestimmten Kampfflugzeuges integriert. Mit dieser Zentralsteuerung, die 1941 in einer als Staatsgeheimnis eingestuften 32-Blatt-Dokumentation erfolgte, entstand ein wichtiger Beitrag zur Koordinierung und Rationalisierung der deutschen Luftfahrtindustrie. Diese Dezentralisierung der Vor- und Endmontage innerhalb des gesamten Reichsgebiets hatte einen großen Vorteil, der besonders nach der Veränderung der Kriegslage bei ständiger Bombardierung der Rüstungszentren sichtbar wurde. Die dezentralisierte Baugruppenfertigung, unterteilt in Leitwerk-, Tragflächen-, Rumpf- und Endmontage – und das im Taktverfahren –, sicherte einen kontinuierlichen Fertigungsprozess. Ein Prozess, der sich in jeder Fertigungsphase kontrollierbar gestaltete und zugleich die Möglichkeit bot, eventuelle Störfaktoren auszugleichen. Diese Organisation ermöglichte es, trotz der immer stärker werdenden

Oben: Manchmal gab es auf den Flugplätzen der Lufthansa ein Treffen zweier Junkers-Generationen, wie hier im Bild. Die alte und zuverlässige Junkers Ju 52 im nostalgischen Wellblech steht in Eintracht neben einer modernen, aerodynamisch gut geformten JFM Ju 90, dem Vorzeigemodell eines Langstreckenflugzeuges.
Foto: Lufthansa

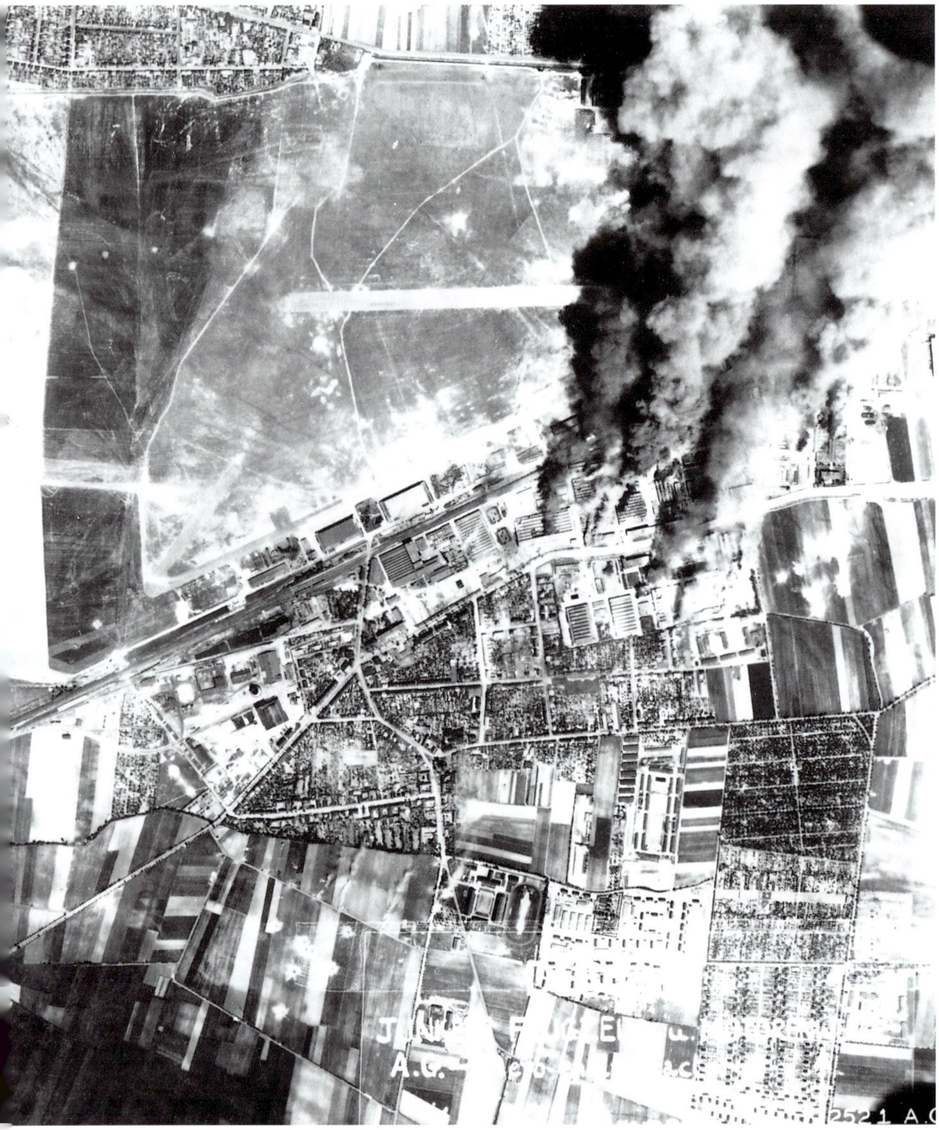

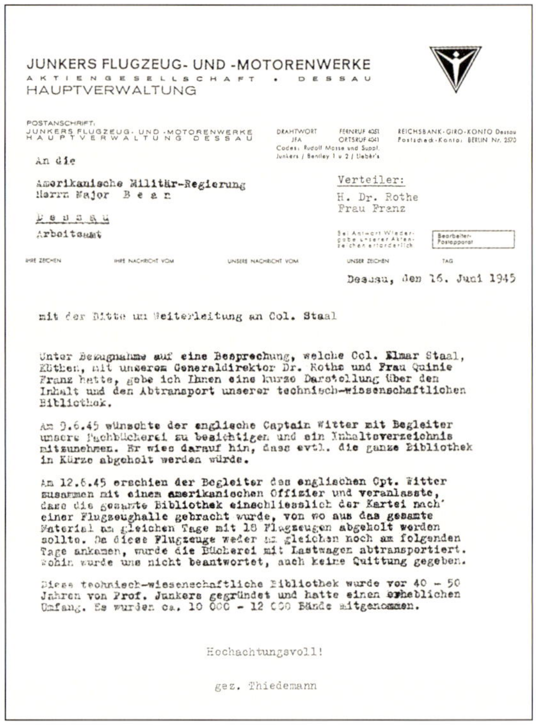

JUNKERS FLUGZEUG- UND -MOTORENWERKE
AKTIENGESELLSCHAFT • DESSAU
HAUPTVERWALTUNG

POSTANSCHRIFT:
JUNKERS FLUGZEUG- UND -MOTORENWERKE
HAUPTVERWALTUNG DESSAU

DRAHTWORT JFA — FERNRUF 4051 — ORTSRUF 4041 — Codes: Rudolf Mosse und Suppl. Junkers / Bentley 1 u 2 / Lieber's — REICHSBANK-GIRO-KONTO Dessau — Postscheck-Konto: BERLIN Nr. 2570

An die

Amerikanische Militär-Regierung
Herrn Major B e a n

D e s s a u
Arbeitsamt

Verteiler:
H. Dr. Rothe
Frau Franz

Bei Antwort Wiedergabe unserer Aktenzeichen erforderlich — Bearbeiter-Postapparat

IHRE ZEICHEN — IHRE NACHRICHT VOM — UNSERE NACHRICHT VOM — UNSER ZEICHEN — TAG

Dessau, den 16. Juni 1945

mit der Bitte um Weiterleitung an Col. Staal

Unter Bezugnahme auf eine Besprechung, welche Col. Elmar Staal, Köthen, mit unserem Generaldirektor Dr. Rothe und Frau Quinie Franz hatte, gebe ich Ihnen eine kurze Darstellung über den Inhalt und den Abtransport unserer technisch-wissenschaftlichen Bibliothek.

Am 9.6.45 wünschte der englische Captain Witter mit Begleiter unsere Fachbücherei zu besichtigen und ein Inhaltsverzeichnis mitzunehmen. Er wies darauf hin, dass evtl. die ganze Bibliothek in Kürze abgeholt werden würde.

Am 12.6.45 erschien der Begleiter des englischen Cpt. Witter zusammen mit einem amerikanischen Offizier und veranlasste, dass die gesamte Bibliothek einschliesslich der Kartei nach einer Flugzeughalle gebracht wurde, von wo aus das gesamte Material am gleichen Tage mit 18 Flugzeugen abgeholt werden sollte. Da diese Flugzeuge weder am gleichen noch am folgenden Tage ankamen, wurde die Bücherei mit Lastwagen abtransportiert. Wohin wurde uns nicht beantwortet, auch keine Quittung gegeben.

Diese technisch-wissenschaftliche Bibliothek wurde vor 40 – 50 Jahren von Prof. Junkers gegründet und hatte einen erheblichen Umfang. Es wurden ca. 10 000 – 12 000 Bände mitgenommen.

Hochachtungsvoll!

gez. Thiedemann

Oben: Von Bombentreffern schwer gezeichnet, zeigen sich die Junkers Flugzeug- und -Motorenwerke Dessau nach den Angriffen der 8. US Air Force am 30. Mai, 20. Juli und am 16. August 1944.
Foto: Sammlung des Autors

Oben rechts: Die Konfiszierung der weltbekannten Junkers-Bibliothek und -Patentsammlung durch die westlichen Besatzungsmächte bestätigt ein Dokument vom 16. Juni 1945.
Foto: Sammlung des Autors

Engpässe im Kriege und trotz der häufigen Bombardierungen, unter Aufbietung aller physischen und psychischen Kräfte die Fertigungsstückzahlen der Flugzeuge sogar noch zu steigern. Faktoren, die Erhard Milch mit der Bemerkung: „Junkers hat immer noch die größten Erfahrungen im Serienbau“, in einer Besprechung am 21. Mai 1942 gegenüber Hermann Göring hervorhob.

Während Heinrich Koppenberg als Generaldirektor und Aufsichtsratsvorsitzender des JFM-Konzerns in erster Linie ein Managertyp war, der über genaue Sachkenntnis und fachliche Details von der Planung der Produkte, über die Materialbereitstellung und Kooperationsbeziehungen bis hin zur Auslieferung der Flugzeuge an das RLM verfügte und so alle Fäden in der Hand hielt und sie im Interesse des Konzerns nutzte, war sein Nachfolger Leo Rothe, der den Konzern ab 1941 bis 1945 leitete, in erster Linie ein Kaufmann und Wirtschaftsprüfer. Die kriegsbedingte Wirtschaftsbürokratie und die Festlegung von wehrpolitischen Dringlichkeitsstufen bei der Verteilung von Material und Leistungen durch das Reichsluftfahrt- und das Reichswirtschaftsministerium ließen schöpferische Freiräume für die Entwicklung neuer Konzepte nicht mehr zu. Zeitliche Verzögerung bei der Neuentwicklung und Erprobung des zweimotorigen Bombenflugzeuges Ju 288 unter der Leitung von Prof. Heinrich Hertel wie auch die ungenügende Serienbauvorbereitung des Abfangjagdflugzeuges Ju 248, eine Entwicklungs- und Erprobungshilfe für die Messerschmitt-Flugzeugwerke AG, sind Beispiele dafür.

Auch die zu Kriegsbeginn erfolgte Dringlichkeitseinstufung zur Erhöhung der Produktionskapazitäten der Typen Ju 52/3m als Transportflugzeug mit etwa 20 Prozent und Ju 88 in über 60 Varianten mit 67 Prozent war im Sinne der wissenschaftlich-technischen Schöpferkraft kein Beitrag. Es ging um den größtmöglichen Ausstoß von kriegstauglichen Flugzeugen, so wie die

Ju 188 bis 1945 mit 1.237 Exemplaren und die Messerschmitt Me 163, die ab August 1944 mit 308 Exemplaren als Notproduktion anlief. Diesen Zielstellungen hatte sich alles andere unterzuordnen.

Die Produktionsaufnahme von Mistelgespannen im Januar und die des sogenannten Volksjägers Heinkel He 162 im März 1945 im JFM-Zweigwerk Bernburg war der letzte Versuch, die bereits von den Alliierten stark beschädigten Produktionsstätten weiter zu aktivieren.

Der Sturz des Ikarus

Im Dessauer Stammwerk fanden vorrangig die Entwicklung, Konstruktion und Erprobung der neuen Versuchsträger statt. Daher sahen die Alliierten diesen Bereich der Luftfahrtindustrie in erster Linie als Forschungszentrum an, was es in der Tat auch war. Im Kriegsjahr 1944 stand der JFM-Konzern als der größte Waffenproduzent in Anhalt im ständigen Bombenvisier des britischen Bomber Command und der US Air Force. Ab Januar 1944 waren neben Leipzig, Gotha, Braunschweig und Rostock auch Aschersleben, Bernburg, Halberstadt und Oschersleben das Ziel alliierter Bomberverbände. Die Stadt Dessau und das JFM-Stammwerk wurden am 28. und 30. Mai 1944 durch die 8. US Air Force schwer getroffen. Zwischen Juni und September folgten weitere schwere Angriffe. Die Verluste an Mensch und Material waren hoch.

Mitte April 1945 rückten die 3. US-Panzerdivision und 9. US-Infanteriedivision in den mitteldeutschen Raum ein. Das JFM-Zweigwerk Aschersleben wurde am 16. April besetzt. Noch vor der Kapitulation Dessaus am 23. April besetzten amerikanische Truppen am 21. April das Flugzeugstammwerk des Junkers-Konzerns, als erstes Industrieunternehmen in Dessau. Damit hatten die westlichen Alliierten das größte deutsche Luftfahrtunternehmen und eines der führendsten in der Welt in ihre Interessensphäre einbezogen. Fachliteratur, Patente, wissenschaftliche Arbeiten und Versuchsanordnungen, Laboreinrichtungen, Spezialmaschinen, ausgewählte Flugzeugtypen wechselten als sogenanntes Beutegut bzw. Siegertrophäen die Demarkationslinie in Richtung Westen. Das schloss auch die weltberühmte Junkers-Bibliothek und -Patentsammlung sowie zahlreiche Flugzeugprojekte aus Dessau mit ein, die durch den englischen Captain Witter und den ehemaligen Atlantikbezwinger, Oberst der US Air Force Charles Augustus Lindbergh, am 12. Juni 1945 in einem Flugzeughangar unter Militäraufsicht deponiert wurden, um sie dann in die USA zu schaffen.

Diesen sogenannten „Technologietransfer", den die US Naval Technical Mission Europe unter der Tarnbezeichnung „Verhüllung" durchführte, setzte die Besatzungsmacht Sowjetunion nach dem Abzug der Westalliierten ab Juli 1945 fort. Am 22. Oktober 1946 begann die Aktion „Vernebelung", der Abtransport deutscher Luftfahrtspezialisten mit ihren Familien in die Sowjetunion. Dort sollten sie als „Wiedergutmachung" auf ihren Spezialgebieten unter russischer Kontrolle weiterarbeiten und forschen.

Unten: Als Langstrecken-Verkehrsflugzeug für die Lufthansa konzipiert und international stark beachtet, flog der Typ der JFM Ju 90 jedoch vordringlich Transportflüge für die Luftwaffe.
Fotobearbeitung: Holger Lorenz, Chemnitz

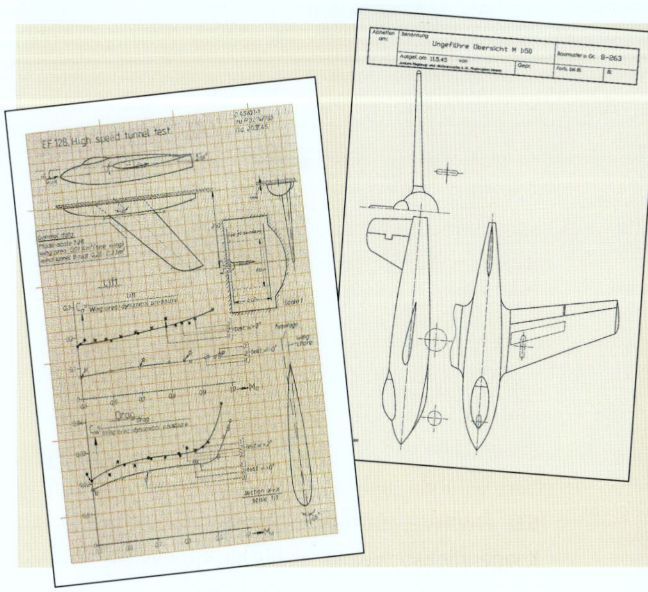

Unmittelbar nach der Besetzung des Junkers-Konzerns durch die 3. Panzerdivision des VII. Armeekorps der 1. US Army ließ ein Spezialkommando unter der Führung der US Navy Technical Mission Europe verschiedene strahlbetriebene Projekte wie den Jäger JFM EF 128 forcieren. Die fertigen Konstruktionszeichnungen kamen als Kriegsbeute in die USA.
Dokumente: Sammlung des Autors

Mensch und Werk

Eine Junkers-Biografie

1859 Hugo Junkers wird am 3. Februar als drittes von sieben Kindern des Weberei- und Ziegeleibesitzers Heinrich Junkers (1823–1887) und dessen Ehefrau Luise Junkers (1827–1869) im rheinischen Rheydt geboren.

1865 Zweijähriger Besuch der Vorschule in Rheydt

1867 Schüler der Höheren Bürgerschule in Rheydt, die er mit der Untersekunda (10. Klasse) am 15. August 1874 abschließt

1878 Ablegung des Abiturs an der Gewerbeschule in Barmen am 6. März, mit anschließender Praktikantenzeit in der Maschinenfabrik Carl Klingelhöffer in Rheydt. Am 14. Oktober Studienbeginn an der Königlichen Gewerbe-Akademie in Berlin. Nach einem Semester Studium wechselt Junkers an die Technische Hochschule Berlin-Charlottenburg, die er bis 1881 besucht. Am 17. Dezember Operation an der linken Hand, die seit seiner Geburt verstümmelt ist, in einer Berliner Klinik. Diese Behinderung versucht Hugo Junkers zeit seines Lebens durch aktive sportliche Tätigkeiten zu überbrücken.

1880 Ein Semester Studium am Polytechnikum in Karlsruhe

1881 Studium an der Technischen Hochschule Aachen bis 1883

1883 Studienabschluss am 23. Mai mit dem Regierungs-Maschinenbauführer-Examen. Tätigkeit als Konstrukteur in verschiedenen Firmen in Aachen: Maschinenfabrik G. Mehler bis 31. Mai 1884 und Maschinenfabrik Johannes Uhle bis 31. Mai 1885. Danach Beschäftigung in der väterlichen Fabrik in Rheydt. Daneben weiterer Besuch von Vorlesungen und Seminaren an der TH Aachen.

1887 Übersiedlung nach Berlin, um bei Professor Adolph Slaby (1849–1913) an der TH in Charlottenburg weitere Vorlesungen über Elektromechanik und Thermodynamik zu hören und in dem von ihm geleiteten Elektrotechnischen Labor Maschinenversuche durchzuführen.

1888 Am 28. Oktober nimmt Hugo Junkers auf Empfehlung von Professor Slaby bei Wilhelm Oechelhaeuser senior (1820–1902), der Deutschen Continental-Gas-Gesellschaft Dessau, seine Tätigkeit als „Civil-Ingenieur" auf. Dort befand sich seit 1886 eine Elektroenergiezentrale, die zweite ihrer Art in Deutschland nach Berlin.

1889 Gemeinsam mit Wilhelm von Oechelhaeuser junior (1850–1923) gründet Junkers in der Dessauer Wolfgangstraße 15 eine Versuchsstation für Gasmotore, um eine geeignete Kraftmaschine zur Erzeugung von Elektroenergie zu entwickeln. Am 22. Oktober Eintragung als „Regierungsbauführer Hugo Junkers" in die Bürgerrolle von Dessau, der Residenz- und Landeshauptstadt Anhalts. Seine erste Anschrift lautet nach dem Adressbuch von 1889/90: Kaiserplatz 16, I. Etage.

1890 Klempnermeister Otto Knick (1865–1921) nimmt ab 30. Mai eine Tätigkeit bei Junkers auf. Hohes fachliches Können und ein wahrhaft meisterlich praktisches Gespür auf dem Gebiet der Metallverarbeitung lassen ihn schnell zum Betriebsleiter der späteren Firma Junkers & Co. aufsteigen. Zwischen Junkers und Knick besteht eine lebenslange Freundschaft. Das Kaiserliche Patentamt in Berlin registriert am 8. Juli unter der Klasse 46 die Patentschriftnummer 66961 für eine „Hochdruck-Gasmaschine mit zwei in demselben Arbeitsraum in entgegengesetzter Richtung sich bewegende Kolben". Mit diesem sogenannten Gegenkolbenmotor entwickelten Junkers und Oechelhaeuser eine neue Motorengeneration, deren Leistung sich wesentlich steigern ließ. Am 29. Juni wird Hugo Junkers' erstes alleiniges Patent unter der Klasse 42 mit der Nr. 71731 und der Bezeichnung „Kalorimeter" in das Patentregister eingetragen. Es handelte sich dabei um ein Messgerät zur Bestimmung des Heizwertes von Brenngasen. Bereits 1893 wird auf der Weltausstellung in Chicago das Kalorimeter mit einer Goldmedaille ausgezeichnet. Am 21. Oktober 1892 kommt es zur Gründung der ersten eigenen

Linke Seite: Professor Hugo Junkers; Gemälde des Künstlers Heinz Schmidt-Rom, entstanden in Dessau, 1929
Original: Privatsammlung Dessau

Firma „Hugo Junkers Civil-Ingenieur Dessau“ mit Sitz in Mieträumen der „Centralwerkstatt Dessau“ im Gasviertel am Wörlitzer Bahnhof.

1893 Von April bis Juli reist Hugo Junkers erstmals in die USA. Persönlich betreut er mit Paul Sachsenberg, einem Roßlauer Schiffsbauunternehmer, die Präsentation seines Kalorimeters auf der Weltausstellung in Chicago. Im Anschluss unternimmt er eine Studienreise durch die Vereinigten Staaten zur Erforschung der Marktlage und des Absatzes technischer Erzeugnisse.

1894 Junkers entwickelt den ersten stehenden Gasbadeofen auf der Grundlage seines „Kalorimeters“ und meldet ihn unter der Bezeichnung Flüssigkeitserhitzer, DRP-Nr. 84 781, als Patent an. Auf der „Thüringer Gewerbe- und Industrieausstellung zu Erfurt“ erhält Junkers eine Silbermedaille für sein weiterentwickeltes Handkalorimeter.

1895 Am 2. Juli Eintragung der Warmwasser-Apparatefabrik „Junkers & Co“ Dessau, kurz „Ico“ genannt, in das Handelsregister der Stadt Dessau. Sie bildet die Ausgangsbasis der weiteren Junkers-Unternehmen, in denen ausschließlich Junkers-Forschungsergebnisse ökonomisch verwertet werden. Die Fabrikation umfasst in der Gründungszeit: Herstellung von Kalorimetern verschiedener technischer Spezifikationen; Bau von Warmwasser-Durchlauferhitzern, sogenannte Junkers-Gasbadeöfen; Fertigung von Gasdruckreglern als messregulierende und sicherheitstechnische Vorrichtungen. Mit Wirkung vom 19. Juli übernimmt die französische Firma Ducrétét in Paris die Lizenzproduktion für das Kalorimeter. Im Dezember kommt es zur Gründung der Vertriebsfirma „Junkers & Lessing“ in Berlin. Deren Aufgabe ist es, Junkers-Erzeugnisse auf regionaler Ebene qualitativ besser zu vertreiben und den Kundenservice zu erhöhen.

1896 Errichtung des ersten Junkers-Fabrikgebäudes in der Dessauer Albrechtstraße an der Strecke der Dessau-Wörlitzer-Eisenbahn. Mit diesem zweigeschossigen Klinkerbau, in gelb-roter Farbkombination gehalten, setzt Junkers in Anlehnung an die Webereibauten der väterlichen Fabrik in Rheydt neue Akzente im mitteldeutschen Raum im industriemäßigen Zweckbau. Als neuartig war auch die elektrisch beleuchtete großformatige Firmenwerbung zu werten. Junkers’ Bruder Alexander übernimmt die Generalvertretung für Gas-Warmwasser-Erhitzer.

1897 Berufung Hugo Junkers’ mit Wirkung vom 13. September als ordentlicher Professor für Thermodynamik an die Rheinisch-Westfälische Technische Hochschule Aachen mit gleichzeitiger Übernahme der Leitung des neu eingerichteten Maschinenlaboratoriums. Im gleichen Jahr gründet er in Aachen eine „Versuchsanstalt Professor Junkers“, um dort neben der Hochschultätigkeit praktische Entwicklungsarbeit durchzuführen. In Dessau entwickelt Junkers den statisch fest stehenden Gasbadeofen zu einem Modell leichter Bauart, einer an der Wand befestigten Hängekonstruktion, der Junkers-Gastherme. Bereits 1900 beträgt das Sortiment der Warmwasser-Durchlauferhitzer zehn verschiedene Modelle für Haushalt und Gewerbe, das bis 1908 auf 44 Typen erweitert wird. Diese Junkers-Geräte erhalten in der Folgezeit im In- und Ausland auf Ausstellungen und Messen hohe Auszeichnungen bzw. Medaillen. Dazu gehören u.a.: 1897 Anhaltische Staatsmedaille für vorzügliche Leistungen; 1898 Bayerische Staatsmedaille für Wissenschaft und Technik; 1899 Staatspreis des Königlich Preußischen Kultusministeriums; 1900 Silbermedaille auf der Weltausstellung in Paris und Staatsmedaille des Landes Württemberg in Stuttgart; 1902 Silbermedaille des Landes Westfalen auf der Industrie- und Gewerbeausstellung in Düsseldorf; 1904 Goldmedaillen auf der Weltausstellung in St. Louis und auf der 8. Fachausstellung im Verband Deutscher Klempner-Innungen in Berlin; 1910 Bronzemedaille auf der Weltausstellung in Brüssel und Auszeichnung mit dem Staatspreis des Landes Württemberg; 1911 Ehrenmedaille auf der Hygiene-Ausstellung in Dresden.

1898 Heirat mit Therese Bennhold (1876–1950), der Tochter des Dessauer Gymnasialprofessors Carl Bennhold (1837–1917) am 31. März. Aus dieser Ehe entsprossen zwölf Kinder (sieben Töchter und fünf Söhne). Am 1. Juli kommt es in München zur Gründung der Vertriebsfirma „Junkers & Schnabel“. Errichtung der Zweigfirma „Junkers & Co.“ in Köln im September, die unter Leitung des Bruders Otto steht.

1899 „Junkers & Schnabel“ eröffnen am 1. März in Köln eine Zweigfirma, die der Bruder Ernst Junkers leitet. Mit seinem Schwager Walter Bennhold richtet Junkers in Aachen ein „Konstruktionsbüro für Warmwassergeräte“ ein, in dem Gasbadeöfen mit Lamellenheizung (bessere Wärmeübertragung) entwickelt werden.

1901 Anmeldung wichtiger Junkers-Patente auf dem Gebiet der Wärmeübertragung gasförmiger Medien auf Flüssigkeiten mittels dünnwandiger Metallflächen: 6. September, das sogenannte Lamellenpatent, DRP-Nr. 158960; 9. September, Wärmeaustauscher-Vorrichtung, DRP-Nr. 157008; 22. Oktober, das erweiterte Lamellenpatent, DRP-Nr. 167608; 22. Dezember, der Flüssigkeitserhitzer, DRP-Nr. 141755.

1902 Gründung der „Versuchsanstalt für Ölmotoren“ in Aachen. Diese Versuchsanstalt und das oben erwähnte Konstruktionsbüro bilden den Grundstein der späteren „Forschungs- Anstalt Professor Junkers“.

1903 Junkers wird förderndes Mitglied im Komitee für die Errichtung eines Museums von Meisterwerken der Wissenschaft und Technik, dem heutigen Deutschen Museum in München. Veröffentlichung einer Junkers-Denkschrift zur Erhöhung wissenschaftlich-technischer Leistungen durch Verbesserung der physikalischen Laboratorien an den Technischen Hochschulen.

1904 Gründung einer Abteilung Kalorifer innerhalb der Firma „Junkers & Co.“. In diesem Bereich werden ausschließlich Warmluft-Erhitzer entwickelt und gebaut. Auf der 8. Fachausstellung im Verband der Deutschen Klempner-Innungen in Berlin verdeutlicht Hugo Junkers erstmals sein Konzept einer modernen Haushaltsführung. In einem Ausstellungspavillon aus standardisierten Eisenblechteilen werden in sieben Raumkojen 22 Gas-Warmwasserapparaturen in voller Funktion vorgeführt. Die Nachfrage an Junkers-Geräten steigt sehr schnell an, sodass bei Junkers & Co. die Schichtarbeitszeit eingeführt werden muss. Am 8. November wird der Verbundgasmotor Junkers M 11 in Probelauf genommen, der wahlweise mit Gas oder Schweröl (Diesel) betrieben werden kann.

Oben: Geburtshaus von Hugo Junkers in Rheydt am Niederrhein, Zustand um 1930
Foto: Sammlung des Autors

Rechts: Prof. Junkers während seiner Hochschulzeit, um 1910
Foto: Sammlung des Autors

1905 Am 5. August wird Hugo Junkers der Rote-Adler-Orden 4. Klasse für seine praxisorientierte Hochschultätigkeit verliehen. Gleichzeitig werden damit seine Forschungsarbeiten auf dem Gebiet der Gaskraftmaschinen gewürdigt. Am 21. Dezember, Patent für einen Gasheizofen, DRP-Nr. 186014, der in Verbindung mit dem im Jahr 1907 ebenfalls von Junkers patentierten Stromautomaten zur zentralen Warmwasserversorgung mehrerer Zapfstellen die Basis der heutigen modernen Gas-Warmwasser-Heiztechnik bildet.

1906 Übersiedlung der Heizofenfabrik seines Bruders Max Junkers (1856–1906) von Rheydt nach Dessau. Von der Stadt Dessau erwirbt Professor Junkers ein 2,6 Hektar großes Gelände „im Hasenwinkel an der Cöthenschen Straße Nr. 303" und baut dort eine neue Ico-Fabrik auf.

1907 Errichtung der „Versuchsanstalt Professor Junkers" in Aachen. Auf den neu entwickelten „Gegenkolben-Dieselmotor", DRP-Nr. 220124, erhält Hugo Junkers seine 27. Patentanmeldung. Es ist ein nach dem Dieselverfahren betriebener Motor mit zwei in einem Zylinder gegenläufig agierenden Arbeitskolben. Dazu gewinnt er auch erfolgreich eine Reihe von Patentstreitigkeiten, unter anderem mit den Maschinenwerken Augsburg Nürnberg (MAN). Ab 1. Oktober wird Dr. Ing. Otto Mader (1880–1944) Mitarbeiter bei Junkers. Auch mit ihm verbindet ihn eine lebenslange Freundschaft.

1908 In Aachen entsteht das „Kaloriferwerk Hugo Junkers" für Warmluft-Heizgeräte. Diese Firma ist ab 1914 in Dessau, Altener Straße 43, angesiedelt. Angeregt durch Flugversuche seines Kollegen Professor Hans Jakob Reissner mit einem französischen Voisin-Doppeldecker in der Brander Heide bei Aachen, der für seine Versuche und den Bau seiner Reissner-Ente insbesondere die Junkers-Werkstätten in Aachen und Dessau in Anspruch nimmt, beginnt Hugo Junkers, sich intensiver mit der Problematik der Aerodynamik zu beschäftigen. In der Versuchsanstalt Aachen entstehen die ersten Luftschrauben (Propeller) für Flugzeuge.

1909 Hugo Junkers führt am 2. März seinen Motor vom Typ M 12 dem deutschen Kronprinzen Wilhelm vor. In Auswertung der Reissner-Flugversuche entwickelt Junkers ein aerodynamisches Konzept, das die bisher praktizierte Flugzeugbauweise in ihrer Konstruktion völlig revolutionieren sollte. Es entsteht die Idee der körperlichen Tragflächen. Am 2. Dezember liegen die ersten handschriftlichen Entwürfe für ein neues Patent vor.

1910 Auf Initiative von Junkers wird an der TH Aachen ein Windkanal gebaut. Nach einer Reihe von praktischen und methodischen Forschungen auf aerodynamischem Gebiet erkennt Junkers die Hauptgrundsätze für die Gestaltung strömungsgerechter sowie dicker Tragflächenprofile in steifer Ausführung, deren Hohlräume zur Aufnahme von Personen, Ladungen, Flugzeugmotoren und Treibstoff genutzt werden können. Dazu erfolgte die Erteilung des ersten Junkers-Flugzeugpatentes, DRP-Nr. 253788, am 1. Februar unter der Bezeichnung „Gleitflieger mit zur Aufnahme von nicht Auftrieb erzeugenden Teilen dienenden Hohlkörpern", in der Literatur oft irrtümlich als „Nurflügel-Flugzeug-Patent" bezeichnet. In Petersburg in Russland wird am 19. Mai erstmals ein Großgasmotor vom

Typ Junkers M 12 in Betrieb genommen. Auf Anregung von Hugo Junkers konstruiert Otto Mader den Junkers M 13, ein leichter Tandem-Gegenkolbenmotor. Kurz darauf wird der Junkers-Motor M 15 entwickelt. Ungefähr zeitgleich wird in Aachen die erste Wasserwirbelbremse gebaut. In der Firma Junkers & Co. in Dessau entstehen unterdessen die ersten gefalteten Tragflächen in Leichtbauweise sowie ein neu gestaltetes Fahrwerk für das Reissner-Flugzeug.

1911 Junkers und Reissner stellen auf der „Internationalen Luftfahrt-Ausstellung“ (ILA) erstmals ihre neu entwickelten Luftschrauben aus und erhalten dafür Ehrenpreise. Den „Kaiserpreis“ erhielt eine Junkers-Metall-Luftschraube. Am 7. Juli wird ein weiterer Motor – der Junkers M 15 –, ein Zweizylinder-Schwerölmotor, mit einer projektierten Leistung von 1.000 PS in Betrieb genommen. Speziell für den Antrieb von Schienenfahrzeugen wird der Junkers-Motor M 17 entwickelt.

1912 In Berlin wird am 3. April die „Allgemeine Luftfahrt-Ausstellung“ (ALA) eröffnet. Dem Festkomitee dieser Ausstellung gehören auch Professor Junkers und Professor Reissner an, auf deren Initiative hin die „Wissenschaftliche Gesellschaft für Flugtechnik“ gegründet wird. Der 100.000. Warmwasser-Durchlauferhitzer wird bei Junkers & Co. gefertigt. Durchführung von Versuchsreihen im Windkanal zur Ermittlung der aerodynamischen Grundformen und Abmessungen für brauchbare Flügelprofile und anderer äußerer Flugzeugteile. Junkers erwirbt in Bayrischzell ein Grundstück mit einem halb fertigen Wohnhaus darauf. Er lässt es im Landhausstil vollenden und nutzt es für Erholungsaufenthalte seiner Familie. Die Entwicklungsarbeiten für den Junkers-Schwerölmotor M 18 schreiten voran. Der Junkers-Schweröl-Schiffsmotor M 22 mit einer Leistung von 200 PS wird gefertigt. Im September fliegt in Berlin-Johannisthal die umgebaute Reissner-Ente. Dazu lädt Hans Reissner seinen Freund Hugo Junkers nach Berlin ein. Der Pilot Robert Gsell legt am 8. Oktober auf der Reissner-Ente sogar seine Fliegerprüfung ab. Mit Wirkung vom 1. Dezember tritt Prof. Hugo Junkers aus seinem Amt an der Technischen Hochschule Aachen aus. In Dessau beginnen die ersten konstruktiven Vorarbeiten für den Bau eines Junkers-Schweröl-Flugmotors.

1913 Junkers erhält den Auftrag, einen Versuchsmotor für Schienenfahrzeuge zu entwickeln. Es entsteht der Junkers M 23, ein umsteuerbarer und schnell laufender Einzylinder-Schwerölmotor. Nach diesem Wirkungsprinzip werden auch die Junkers-Motore M 24 und M 25 entwickelt. Die ersten Lizenzvergaben eines Junkers-Schweröl-Schiffsmotors erfolgen an die Firma Doxford & Söhne in England, das amerikanische Unternehmen W. Doseford & Co. und die Maschinenfabrik Nobel in Russland. Am 13. Juli nimmt in Magdeburg-Süd die Firma „Junkers Motorenbau GmbH“ ihre Produktion auf. Auf der Frankenburg in Aachen entsteht ein zweiter, größerer Windkanal. Unter Anleitung von Junkers und Mader werden in Dessau Versuche über die Einsetzbarkeit dünnwandiger Eisenbleche im Flugzeugbau durchgeführt.

1914 Hugo Junkers gründet in New York sein erstes ausländisches Unternehmen, die „American Junkers Company“ (AIC). Am 1. Mai wird auf der Frankenburg in Aachen der erste Großwindkanal der „Versuchsanstalt Professor Junkers“ unter der Leitung von Dr.-Ing. Philipp von Doepp in Betrieb genommen. Junkers lässt die günstigste aerodynamische Formgebung von Ausströmdüsen untersuchen.

1915 Nach Beendigung seiner Lehrtätigkeit an der TH Aachen verlagert Junkers auch seine Büros und Unternehmungen wieder nach Dessau. So entsteht am 12. Februar das „Hauptbüro der Junkers-Werke“ am Kaiserplatz 21 und am 1. Juli auf dem Junkers & Co.-Gelände in der Köthener Kreisstraße die „Forschungs-Anstalt Professor Junkers“, das Herzstück seiner praxisorientierten Forschungstätigkeit und Keimzelle von Patententwicklungen. Am 30. März ist der Junkers-Versuchs-Flugmotor Mo 3 fertiggestellt und beginnt mit seinem Probelauf. Gleichzeitig wird in Dessau anhand der Aachener Erfahrungen ein verbesserter Windkanal projektiert. Vertreter des Kriegsministeriums besuchen am 26./27. Mai die Junkers-Werke in Dessau, Magdeburg und Aachen. In Auswertung seiner strömungstechnischen Versuche sowie der erbrachten Ergebnisse über die Verwendbarkeit von Eisenblechen im Flugzeugbau entsteht in der Firma Junkers & Co. das erste Ganzmetall-Flugzeug der Welt. Das Junkers-Tragflügel-Patent, DRP-Nr. 310040, wird am 7. August beim kaiserlich-preußischen Patentamt in Berlin angemeldet. Hertha Junkers, Hugo Junkers' älteste Tochter, arbeitet ab August als Laborantin in der Aerodynamischen Abteilung der Forschungsanstalt Professor Junkers. Dr.-Ing. Otto Mader siedelt am 9. September von Aachen zur Forschungsanstalt nach Dessau über. Mit dem Bau der Junkers J 1 leitete Junkers eine Revolution im Flugzeugbau ein, erfolgte doch die Bauweise der Flugzeuge bis dahin im Wesentlichen auf Holz-Stoff-Basis, wobei die Tragflächen noch verspannt waren. Durch den Einsatz von Metall konnten die Eigenschaften hinsichtlich der Festigkeit und Formbeständigkeit sowie der Aerodynamik wesentlich verbessert werden. Der Erstflug der Junkers J 1 erfolgt am 12. Dezember in Döberitz bei Berlin durch den Flugzeugführer Leutnant von Mallinckrodt. Ein zweiter Start der Junkers J 1 erfolgt am 16. Dezember. Im November pachtet Junkers bei Dessau-Mosigkau ein größeres Wiesengrundstück und lässt seinen ersten Werk-Flugplatz anlegen. In Dessau entsteht das Projekt eines Junkers-Riesenflugzeuges in Form eines freitragenden Eindeckers in Ganzmetall-Bauweise. Professor Hugo Junkers und Ferdinand Graf von Zeppelin begegnen sich erstmals persönlich am 18. Dezember in Berlin.

1916 Am 26. Februar Baubeginn des ersten Junkers-Windkanals in Dessau, der sich in einem geschlossenen Raum als Rundlauf befindet, nach einem Entwurf von Philipp von Doepp. An der Junkers-Forschungsanstalt wird die konstruktiv-gestalterische Profilierung für ein Riesenflugzeug unter dem Gesichtspunkt der Materialminimierung und Aerodynamik erarbeitet. Erstflug der Junkers J 2 am 11. Juli durch den Piloten Friedrich Mallinckrodt in Döberitz. Auch Anthony Fokker fliegt mit dieser Maschine. Am 12. August erfolgreicher Kaltstart eines Junkers-Motors M 15 mit sogenanntem Teeröl. Junkers besucht im Oktober den Flugzeugkonstrukteur Claude Dornier am Bodensee. Erste Besprechung zwischen Junkers und Fokker in Berlin am 22. Dezember zwecks Gründung eines gemeinsamen Flugzeugwerkes auf Wunsch der Reichsbehörden. Mit dem Junkers-Patent „Tragflügel mit Wellblechdecke", DRP-Nr. 337522, entsteht das typische Wellblechprinzip der Junkers-Flugzeugbauweise. Fertigstellung und Probelauf des Junkers-Flugmotors Fo 1. Ein verbesserter Typ, der Fo 2, ist bereits in Bau und bringt während eines Probelaufes am 24. Januar 1917 eine Leistung von 478 PS.

1917 Anfang Januar, Entwurf des Jagdeinsitzers Junkers J 5, wahlweise mit Umlauf- oder Reihenmotor ausgestattet. Erstflug der Junkers J 4, einem gepanzerten Anderthalbdecker-Flugzeug, am 29. Januar. Unter behördlichem Zwang gründet Junkers mit dem Holzflugzeugbauer Fokker, der ab 1919 wieder ausscheidet, die „Junkers-Fokker AG" (Ifa) und beginnt mit der Serienfertigung von Militärflugzeugen. Erstmals wird der Werkstoff Duraluminium von Junkers systematisch bei der Entwicklung der Junkers J 6 und J 7 im Flugzeugbau genutzt. Dabei arbeitet Junkers in seiner Forschung konsequent die Vorteile der Leichtmetallbauweise heraus und entwickelt zielstrebig die Tragkonstruktion der freitragenden Tiefdeckerbauweise weiter. Am 30. Mai begeht Obermeister Otto Knick sein 25-jähriges Arbeitsjubiläum. Zwischen dem 17. und 20. September fliegt der Flugzeugführer Arved von Schmidt das Jagdflugzeug Junkers J 7 erfolgreich ein und lobt dessen hervorragende Flugeigenschaften. Während einer Flugvorführung in Johannisthal bei Berlin am 4. Dezember vollzieht Fokker mit einer Junkers J 7 eine absichtliche Bruchlandung, um seine eigene Maschine zu favorisieren. Im Junkers-Konstruktionsbüro beginnen die Entwurfsarbeiten für das Großflugzeug vom Typ R 1. Hugo Junkers trifft am 14. Dezember erneut mit Claude Dornier zusammen. Es geht um die Projektierung und den Bau von Schwimmflugzeugen für die Marine.

1918 Verleihung des Eisernen Kreuzes II. Klasse am schwarz-weißen Band an Prof. Junkers am 18. Februar. Anmeldung des Junkers-Patents „Eindecker-Flugzeug mit selbsttragenden Flügeln" mit der DRP-Nr. 313692. Dieses Patent bildet die Grundlage für die Aufnahme von größeren Lasten, z.B. Flugmotoren, an den Tragflächen. Erstflug des Jagdeinsitzers Junkers J 9 im April. Bereits am 4. Mai erfolgt der erste

Start des Junkers-Zweisitzers vom Typ J 10. Hugo Junkers reicht dem Reichsmarineamt das Projekt eines viermotorigen Ganzmetall-Riesenflugbootes ein. Am 23. Oktober erster Probeflug des Wasserflugzeuges Junkers J 11 für die kaiserliche Marine. Im Dezember startet der Junkers Zweisitzer J 8 zu seinem Jungfernflug. Die Firma Junkers & Co. fertigt am 4. Oktober ihre 3000. Feldküche für das deutsche Heer. Mit Schreiben vom 3. Dezember tritt Anthony Fokker per Jahresende aus der Firma Junkers & Fokker AG aus.

1919 Hugo Junkers erhält am 17. Januar den Ehrentitel eines Dr.-Ing. h.c. der Technischen Hochschule München. Beginn des deutschen Luftverkehrs zwischen Berlin und Weimar ab 5. Februar durch die „Deutsche Luftreederei“. Das Reichsluftfahrtamt in Berlin erteilt am 3. Mai den Junkers-Werken die offizielle Genehmigung für die Aufnahme des Luftverkehrs mit Flugpostbetrieb auf der Strecke Berlin–Dessau–Weimar zum Tagungsort der Nationalversammlung. Der Flugverkehr wird mit einer modifizierten Junkers J 10 durchgeführt. Ab 2. Juni läuft die Ifa unter dem Namen „Junkers-Flugzeugwerk AG“ Dessau. Der Konstrukteur Otto Reuter (1886–1922) entwickelt auf Anregung von Junkers ein Verkehrsflugzeug, das bereits nach sechs Monaten, am 25. Juni 1919, zum Jungfernflug startet. Es ist das erste Ganzmetall-Kabinen-Verkehrsflugzeug der Welt. Mit dieser einmotorigen Maschine in Tiefdeckerbauweise, der Junkers F 13, wird am 13. September mit acht Personen (Brandenburg, Duckstein, Erfurth, Gsell, Madelung, Müller, Werkpilot Monz und Schmitz) ein Höhenweltrekord von 6750 Metern aufgestellt. Professor Junkers hält am 10. Dezember vor der Wissenschaftlichen Gesellschaft für Luftfahrt einen Vortrag über die Leitziele einer künftigen Luftfahrtindustrie.

1920 In New York entsteht die „Junkers-Larsen Aircraft-Corporation“. In den USA läuft die Junkers F 13 unter der Typenbezeichnung JL 6 (Junkers-Larsen-6-Personenflugzeug). Pionierflüge der Junkers F 13 in Amerika: Februar: Tandemflug zweier F 13 von Barranquilla nach Bogotá; Juli: Einsatz zweier Junkers-F-13 -Flugzeuge auf der Poststrecke New York – San Francisco; Rekordflug von Omaha nach Pinevalley, 1.900 km in 12 Stunden und 10 Minuten; August: Flug einer F 13 von San Francisco nach El Paso; Oktober: Non-Stop-Flug einer F 13 von Barranquilla nach Cali (1.200 km); November: Überfliegung der Kordilleren zwischen Girardot und Cali (5.200 m Höhe). Der eigens in die USA gereiste Junkers-Pilot Emil Monz stellt auf der Strecke Atlantic City–Philadelphia mit annähernd 210 km/h einen neuen Geschwindigkeitsrekord auf. In Südamerika wird durch die Deutsch-Kolumbianische Gesellschaft, der „SCADTA“, die erste internationale Luftverkehrslinie mit Junkers-F-13-Flugzeugen eröffnet. Otto Reuter beginnt mit der Neuentwicklung einer Luftschraube aus Metall. Der im Juni 1919 in Versailles unterschriebene Friedensvertrag wird ratifiziert und damit gilt u. a. ein Bauverbot für Flugzeuge in Deutschland. Bereits gefertigte Flugzeuge werden beschlagnahmt bzw. zerstört. Junkers unterstützt den 1. Gleit- und Segelflugwettbewerb auf der Wasserkuppe in der Rhön und entwirft für die „Flugwissenschaftliche Vereinigung Aachen e.V.“ (FVA) Segelflugzeuge in Form von freitragenden Gleitern mit dickem Flügel. Am 1. Oktober nimmt der Dipl.-Ing. Ernst Zindel seine Tätigkeit als Konstrukteur im Dessauer Flugzeugwerk auf, der später als Schöpfer der Ju 52 Berühmtheit erlangt. Alle wesentlichen Neuentwicklungen im Junkers-Flugzeugbau bis 1933, wie die W 33 und W 34, die G 23, G 24, G 31, G 38 und Ju 52, sind eng mit seinem Namen verbunden.

1921 Die Junkers-Werke müssen aufgrund des Versailler Vertrages ihre Produktion umstellen. Neben dem Standardprogramm der Gasdurchlauferhitzer und Kalorimeter werden nun auch Metallschränke sowie Aluminiumkoffer, Wellblechsessel, Essbestecke und andere Haushaltsgeräte gefertigt. Professor Junkers meldet sein „Tiefdecker-Patent“, DRP-Nr. 310619, an, das fortan die Basis der modernen Konstruktionsweise im Flugzeugbau bildet. Im Junkers-Flugzeugwerk werden am 1. Dezember eine Abteilung „Junkers Luftverkehr“ und eine Abteilung „Junkers Luftbild“ gebildet. Durch die Luftbildfotografie wird eine neue kartografische Aufnahmetechnik entwickelt, welche die bisherigen Landvermesser-Verfahren wesentlich verbessert. Die Abteilung Luftverkehr hat neben der zivilen Personen- und Luftfrachtbeförderung die Aufgabe, eine Zusammenarbeit mit internationalen Fluggesellschaften zu organisieren. Im Kaloriferwerk entsteht eine Abteilung „Junkers-Lamellenbau“. Flugtechnische Leistungen: Januar: 26 Stunden-Non-Stop-Flug einer Junkers F 13 von Long Island (USA) nach Edmonton (Kanada); März: Flug einer F 13 von San Francisco nach Guadalajara; Juni: Aufstellung des Weltdauerrekords in der Luft von 26 Stunden und 19 Minuten mit einer F 13 durch den amerikanischen Piloten Stinson; tägliche Flugleistung des Junkers-Flugverkehrs 2.424 km. Jahresergebnisse mit Junkers-Flugzeugen: zurückgelegte Flugstrecke: 350.000 km; Fluggäste: 2.230 Passagiere; Transport: 2.500 kg Frachtgut.

1922 Das Bauverbot für Flugzeuge wird in Deutschland durch die sogenannten „Begriffsbestimmungen“ abgelöst. Junkers nimmt die Arbeit auf dem Gebiet des Flugzeugbaues wieder auf, wobei die Abteilungen Materialprüfung und Windkanal wesentlich erweitert werden. Bei Nürnberg wird die Flugzeugwerft „Junkers-Werft Fürth“ gegründet. Abschluss eines Geheimvertrages zwischen Junkers und der Sondergruppe Reichswehr/Reichswirtschaftsministerium zum Aufbau eines Flugzeugwerkes in Fili bei Moskau. Flugtechnische Leistungen: Januar: Einsatz der ersten Junkers F 13 in Russland; Mai: erster Direktflug einer Junkers F 13 von Berlin nach Moskau durch den Werkspiloten Gothe; Juli: Entfernungsrekord im Non-Stop-Flug Berlin–Moskau, 1.600 km in 10 Std. 40 Min. mit einer Junkers F 13; August: Teilnahme am Flugwettbewerb in Coppa del Re mit einer Junkers F 13w durch den Werkspiloten Zimmermann, Erringung des Tyrrhenischen Ehrenpokals und des 2. Preises; November: Beginn einer Junkers-Flugexpedition mit einer F 13 in Havanna zur wirtschaftlichen Erkundung der kubanischen Inseln. Jahresergebnis mit Junkers-Flugzeugen: 536.355 zurückgelegte Flugkilometer, das entspricht einer täglichen Flugleistung von 7.708 km; 11.005 Personen im Passagierflug befördert; 16.180 kg in Frachtflügen transportiert. Der Reichspräsident Friedrich Ebert besucht am 6. Dezember die Dessauer Junkers-Werke und fliegt mit einer Junkers F 13 weiter von Dessau nach Leipzig.

1923 Eröffnung einer Ifa-Zentrale am 29. Januar in Moskau, Hauptstadt der Sowjetunion. In Fili bei Moskau wird ein Zweigbetrieb des Junkers-Flugzeugwerkes errichtet. Damit werden die wirtschaftlichen Beziehungen zu der im Dezember 1922 vereinigten UdSSR ausgebaut, die bereits durch die Firma Junkers & Co. im Zarenreich bestanden. Es kommt zum Abschluss von drei Konzessionsverträgen auf den Gebieten des Flugzeug- und Motorenbaus, des Luftverkehrs und der Luftbildvermessung. Diese Abkommen entstanden mit ausdrücklicher Genehmigung der obersten Reichsbehörden. Silberhochzeit der Familie Hugo und Therese Junkers am 31. März mit ihren Kindern: Hertha (geb. 9. Januar 1899), Anneliese (geb. 5. Oktober 1900), Werner (geb. 20. Juni 1902), am 25. Juni 1923 mit einer F 13 in Aracati, Brasilien, tödlich verunglückt, Ruth (geb. 20. Dezember 1903), Ilse (geb. 5. März 1905), Klaus (geb. 25. November 1906), Erhard (geb. 9. September 1908), Heinz (geb. 26. Oktober 1910), Luise (geb. 24. Mai 1913), Günter (geb. 2. April 1915), Gudrun (geb. 16. September 1916) und Dorotheé (geb. 23. Juli 1920). Hertha Junkers arbeitet ab 13. Juli im Flugzeugwerk ihres Vaters und erwirbt später sogar die Pilotenlizenz. Noch im selben Jahr übernimmt sie die Vertretung der Junkers Corporation of America in New York, 342 Madison Avenue. Als spezielles Post- und Luftbildflugzeug wird die Junkers A 20 entwickelt und in Serie produziert. Im nationalen und internationalen Flugverkehr setzen sich die Junkers-Flugzeuge aufgrund ihrer hohen technischen Parameter, der Sicherheit und Zuverlässigkeit immer mehr durch. Die Junkers F 13 wird das am meisten benutzte Verkehrsflugzeug. Eröffnung der Luftlinien Berlin–Zürich über Leipzig und Wien–Budapest mit Junkers-F-13-Maschinen. Ausstattung des Versuchshauses „Am Horn“ des Staatlichen Bauhauses in Weimar mit Warmwasser-Apparaturen durch die Firma „Junkers & Co“. Hugo Junkers besucht die Bauhaus-Ausstellung „Kunst und Technik – eine neue Einheit“. In Dessau wird am 27. November der Gesellschaftervertrag für die „Junkers Motorenbau G.m.b.H.“ unterzeichnet. Unter der Leitung von Professor Otto Mader werden in diesem Betrieb in der Folgezeit wieder Versuche sowie die Produktion von Stationär- und Schweröl-Flugmotoren vorangetrieben. Im sowjetischen Flugzeug-Zweigwerk Fili bei Moskau verlassen die ersten Junkers J 20 die Montagehallen und werden der Roten Armee übergeben.

1924 Im Motorenwerk geht der Flugmotor L 2 mit einer Leistung von 265 PS in Serie, während im Flugzeugwerk die Junkers G 23, das erste dreimotorige Junkers-Verkehrsflugzeug, entsteht. Am 27. Mai wird die Junkers-Luftbild-Zentrale in Dessau gegründet. Schwerpunkt bilden die Luftbildvermessung und geologische Erkundung aus der Luft. Das Unternehmen ist ab 1928 auf dem Flugplatz Leipzig-Mockau angesiedelt. Studie und Projekt eines Nurflügelflugzeuges Junkers J 1000 für 80 bis 100 Reisende mit einer Flugreichweite von 1.700 Kilometern. Von Mai bis Juli reist Professor Junkers zum zweiten Mal in die USA. Hugo Junkers unterbreitet Henry Ford das Projekt einer interkontinentalen Fluglinie London–New York, doch dieser lehnt ab. Die Abteilung Luftverkehr wird am 1. August aus dem Flugzeugwerk herausgelöst und bildet ab 13. August die selbstständige „Junkers-Luftverkehr AG“ (Ilag). Eröffnung der Nachtflugstrecke Berlin–Stockholm und Hamburg–Kopenhagen am 18. August mit Flugzeugen vom Typ Junkers A 20. Im Kaloriferwerk entsteht eine separate „Abteilung Stahlbau“, in der Hallen und Brücken gefertigt werden. Als besonders ökonomisch bewähren sich dabei die unter streng technologischen und konstruktiven Gesichtspunkten entwickelten Hallen in Stahllamellen-Bauweise. Hallen dieser Art entstanden in zahlreichen Ländern, unter anderem in Brasilien, Italien, der Türkei und in der Sowjetunion.

1925 Zur weiteren und ständigen Pilotenausbildung wird in Dessau eine „Junkers-Flugzeugführer-Schule“ eröffnet. In Malmö-Limhamn, Schweden, entsteht ab 25. Januar in enger Zusammenarbeit mit dem Junkers-Flugzeugwerk die „A.B. Flygindustri“ (Afi). Anfang des Jahres stellt Junkers seine Tätigkeit im Zweigwerk Fili bei Moskau ein. Mit der sowjetischen Regierung laufen ab Mai Gespräche über eine Änderung des Konzessionsvertrages. Die Firma „Junkers Corporation of America“ (Jucoram) wird in New York in das Handelsregister der USA eingetragen. In Ankara und Eskischehir gründet Junkers die „Türkische Flugzeug & Motoren AG“. Mit einer Junkers G 24 wird im Juni ein Siebenstaatenflug durch Europa durchgeführt und dabei eine Flugstrecke von 4000 km zurückgelegt. Die Universität Gießen ernennt im Juli Professor Junkers zum Dr. phil. h.c. Im Juli wird im Kaloriferwerk die erste Versuchshalle in selbsttragender Stahllamellen-Konstruktion mit einer Grundfläche von 30 x 12 m errichtet. Der im Motorenwerk entwickelte L-5-Flugmotor wird zugelassen und seine Leistung später von 310 auf 425 PS gesteigert. Dieser Motor zeichnet sich durch eine hohe Zuverlässigkeit aus, sodass er sich schnell im Flugzeugbau durchsetzt. Im Flugzeugwerk fertigt der Bauhäusler Marcel Breuer (1902–1981) gemeinsam mit dem Schlossermeister Karl Körner (1905–1986) die ersten Stahlrohrmöbel. Gründung einer Abteilung Schädlingsbekämpfung aus der Luft im Junkers-Flugverkehr in Zusammenarbeit mit dem Chemiewerk Merck in Darmstadt. Mit dieser Maßnahme sollen die Waldbestände besser geschützt werden. Auch auf dem Gebiet der Felddüngung erfolgt per Flugzeug die Streuung mit Mineralstoffen. Zur Anwendung kommen Junkers-Flugzeuge vom Typ W 33. In den Junkers-Werken sind nach Angaben des Personalamtes 5.000 Mitarbeiter beschäftigt.

Unten: Hugo Junkers im Gespräch mit dem französischen Außenminister im November 1929 in Berlin-Tempelhof.

Foto: Sammlung des Autors

1926 Gründung der „Luft Hansa AG“ am 6. Januar durch den Zusammenschluss der „Junkers-Luftverkehr AG“ und der „Deutschen Aero-Lloyd“ auf Weisung der Reichsregierung. Die Gewerbehochschule Köthen ernennt Junkers aufgrund seiner ehrenamtlichen Tätigkeit als Prüfungskommissar zum Ehrensenator. Eröffnung des neuen Junkers-Flugplatzes zwischen den Stadtteilen Siedlung, Kleinkühnau und Alten nördlich der Eisenbahnlinie nach Köthen. In der Folgezeit werden dort über 28 Flugweltrekorde aufgestellt. Im Flugzeugwerk werden die dreimotorige Junkers G 31 für 15 Passagiere und das einmotorige Transportflugzeug W 33 gebaut. Die Firma Junkers & Co. stattet das neu errichtete Bauhaus-Gebäude und die Meisterhäuser mit Heizungsanlagen und Warmwasser-Apparaturen aus. Eine „Abteilung Stahlbau“ wird am 4. Juni im Junkers-Kaloriferwerk gegründet. Im August entsteht die erste Großhalle in Lamellenkonstruktion mit einer Länge von 80 m und einer Spannweite von 20 m. Das Junkers-Zweigwerk Flugzeugbau in Fili bei Moskau wird der Sowjetunion übergeben. Der deutsche „Verband der Gas- und Wasserfachmänner“ verleiht Professor Junkers die Bunsen-Pettenkofer-Ehrentafel. Hugo Junkers ist Ehrengast bei der Einweihung des Dessauer Bauhaus-Gebäudes am 4. Dezember. Er ist „Förderndes Mitglied im Kreis der Freunde des Bauhauses“. Hertha Junkers fliegt am 17. Dezember mit einer Junkers F 13 von New York nach Kill Devil Hills, bei Kitty Hawk in North Carolina. Sie besucht die historischen Stätten der Gebrüder Wright.

1927 Die Junkers-Werke errichten in Dessau eine „Zentrale Lehrwerkstatt“, in der alle in den Werkstätten benötigten Grund- und Spezialberufe zur Ausbildung gelangen. In Verbindung mit anderen Bildungsträgern der Stadt, z.B. der Volkshochschule, gelingt es, die Kurse auf einem hohen fachlichen Niveau durchzuführen, so werden die praktische und pädagogische Werkstattausbildung auch staatlich anerkannt. Der Verband Deutscher Ingenieure (VDI) überreicht Hugo Junkers die goldene „Grashof-Denkmünze“. Im März startet das Junkers-Großflugzeug G 31 einen 5.000-km-Werbeflug durch Europa. Dabei werden u.a. Wien, Rom, Barcelona, Teheran und Ankara angeflogen. Vom 21.–22. März werden mit einer Junkers W 33 zwei neue Weltrekorde über Nutzlast und Flug-

Unten: Begrüßung der Ozeanflieger H. Köhl und E. G. Freiherr von Hünefeld durch Prof. H. Junkers und H. Schleissing auf dem Dessauer Flugplatz am 16. Oktober 1928

Foto: Sammlung des Autors

strecke aufgestellt. Zwischen dem 1. April und 10. Juli fliegt allein die Junkers G 24 vierzehn Weltrekorde. Auf der Leipziger Frühjahrsmesse wird der erste eigens für den Lastwagenbetrieb entwickelte Junkers-Dieselmotor Zweizylinder Typ SA 9 mit einer Leistung von 45 PS der Öffentlichkeit vorgestellt. Als Nachfolgemodell entsteht danach der Junkers-Diesel Dreizylinder Typ SA 12 mit 80 PS Leistung. Der Raumheizer „Junkers-Gasradiator" wird unter den von Junkers erarbeiteten Forschungskriterien einer „Gebrauchswert-Kostenanalyse" innerhalb weniger Wochen entwickelt und in die Produktion überführt. Auf der Werkbund-Ausstellung in Stuttgart, deren Weißenhof-Siedlung von namhaften europäischen Architekten gestaltet wurde, stellt Junkers seine Heizungs- und Warmwasser-Gasgeräte aus sowie eine speziell für diese Schau entwickelte Reform-Kücheneinrichtung. Zur gleichen Zeit wird auf dem Experimentiergelände der Werkbund-Ausstellung das Junkers-Stahlhaus „System Urban" vorgestellt. Am 14. August starten zwei Junkers W 33, die „Bremen" und „Europa", zu einer Nordatlantik-Überquerung in Ost-West-Richtung. Wegen starken Unwetters müssen beide Besatzungen wieder umkehren. Die Firma Junkers & Co. präsentiert am 15. September ihr erstes vom Bauhaus entworfenes Reklameheft, das Lucia Moholy gestaltete. Der Bauhaus-Architekt Carl Fieger projektiert im privaten Bauatelier von Walter Gropius einen Theaterneubau, eine Kongress- und Stadthalle sowie einen Museumsneubau, deren gewölbte Dachkonstruktionen in Junkers-Stahllamellen-Bauweise ausgeführt werden sollten. Die Firma Junkers & Co. stellt am 12. Oktober den 500.000. Gas-Warmwasser-Apparat her. Eröffnung der Flugstrecke Berlin–Prag–Wien mit einer Junkers G 24. Der Niederösterreichische Gewerbeverein verleiht am 9. Dezember Professor Junkers die Exner-Medaille. Mit insgesamt 33 Flugweltrekorden kann das Jahr 1927 als das erfolgreichste Jahr für den gesamten Junkers-Flugzeugbau bezeichnet werden. Die Junkers F 13 gilt noch immer als das meistverkaufte Flugzeug.

1928 In den Junkers-Flugzeugwerken erfolgt am 25. Februar die Fertigstellung des 1.000. Flugzeuges, eine dreimotorige Junkers G 31 für die österreichische Fluggesellschaft Oelag. Erstmals fliegt eine Junkers W 33, die „Bremen", mit der Besatzung Köhl, von Hünefeld und Fitzmaurice am 12./13. April erfolgreich von Europa nach Nordamerika. Hugo Junkers wird Ehrenbürger der Städte Dessau, Aachen und seiner Geburtsstadt Rheydt. In Dessau wird eine Straße nach ihm benannt. Die Technische Hochschule Aachen ernennt Junkers am 25. Mai zum Ehrensenator. Professor Junkers tritt seine dritte Amerikareise an. Er führt in den USA unter anderem Gespräche mit dem Industriellen Henry Ford und dem Architekten Albert Kahn. Durch Aktienankauf wird Junkers der Hauptaktionär der „Dessauer Möbelfabrik A.G." (Möfa) und lässt dort Windkanalmodelle sowie Inneneinrichtungen in Holz und Metall nach eigenen Entwürfen für den Haus- und Flugzeugbau fertigen. Junkers beginnt sich intensiv mit der Problematik des standardisierten Metallhausbaues zu beschäftigen, dessen Anfänge sich bis in das Jahr 1904 zurückverfolgen lassen. Nach einer intensiven Grundlagenforschung entsteht ein umfangreiches Entwurfsprogramm von Metallhaustypen, das weltweit für alle Klimazonen anwendbar ist. Am 8. September starten von Hünefeld und der schwedische Pilot Lindner mit der Junkers W 33 „Europa" zu ihrem Berlin-Tokio-Flug. Im selben Monat stellt der Junkers-Pilot Reginald Schinzinger mit einer Junkers W 34 zwei

Oben: Modell des Großflugzeuges Junkers J 1000 von 1924. Mit diesem Projekt, über das auch ein Roman erschien, sollte der Transatlantik-Flugverkehr zwischen Europa und Nordamerika aktiviert werden. Die viermotorige Maschine, in sogenannter Entenbauweise konzipiert, sollte rund 100 Passagiere innerhalb von 36 Flugstunden nonstop von Berlin nach New York befördern.

Foto: Deutsches Museum München

neue Weltrekorde auf. Im Junkers-Flugzeugbau entwickelt und projektiert der Diplom-Ingenieur Johann Arntzen das zweisitzige Reise- und Sportflugzeug A 50 Junior. Das Flugzeugwerk Dessau eröffnet mit der „Junkers-Werft Leipzig-Mockau“ einen weiteren Reparaturstützpunkt für die bei der Fluglinie Luft Hansa eingesetzten Junkers-Flugzeuge.

1929 Professor Junkers wird korrespondierendes Mitglied der Preußischen Akademie der Wissenschaften in Berlin und Ehrensenator der Technischen Hochschule Karlsruhe. Am 3. Februar, seinem 70. Geburtstag, eröffnet Hugo Junkers im Naturkundemuseum Dessau seine „Lehrschau“, das weltweit erste und bisher einzige technische Museum zur Geschichte der Forschung in Form einer Schule für Neuerungen. Der erste betriebsbereite Junkers-Gegenkolben-Schweröl-Flugmotor, der FO 4, besteht am 3. Februar seinen Flugtest mit einer Junkers F 24. Erfolgreicher Abschluss der Prüfstandversuche des neu entwickelten Junkers-Flugmotors L 88 mit einer Leistung von 700 PS. Einweihung des neuen Verwaltungsgebäudes für die Firma Junkers & Co. in der Köthener Kreisstraße am 7. Februar; von den Junkers-Architekten bzw. Bau-Ingenieuren Fritz Krause und Ottokar Paulssen projektiert. Hugo Junkers wird Mitglied des Kuratoriums für die Gedenkfeiern des jüdischen Philosophen Moses Mendelssohn, dem u.a. Albert Einstein, Walter Gropius, Max Liebermann und Arnold Zweig angehörten. Therese Junkers, Professor Hugo Junkers’ Gattin, und Luise Hesse, Gattin des Dessauer Oberbürgermeisters Fritz Hesse und Schwester des im Ersten Weltkriegs gefallenen Fliegerhauptmanns Oswald Boelcke, gründen den Verein der Deutschen Frauen-Luftfahrt-Patenschaften, dessen Ziel es ist, den Luftfahrtgedanken in die emanzipierte Frauenbewegung einzubringen. Die Reklamewerkstatt des Bauhauses gestaltet den Ausstellungsstand der Firma Junkers & Co. auf der Ausstellung „Gas und Wasser“, die vom 19. April bis 21. Juni in Berlin eine starke internationale Resonanz fand. Mit einer Junkers W 34 erreicht der Pilot Neuenhofen am 26. Mai eine Flughöhe von 12.739 Metern und stellt damit einen neuen Welthöhenrekord auf. Auf der Elbe bei Dessau werden im Juli raketentechnische Versuche mit einer Junkers W 34 w durchgeführt. Diese Versuche verlaufen unter der Leitung der Junkers-Ingenieure Paul Jaensch und Johannes Winkler erfolgreich. Daher entschließt sich die Abteilung Strömungstechnik, in Absprache mit dem Junkers-Hauptbüro, im Windkanal des Flugzeugwerkes die Entwicklung von Flüssigkeitstriebwerken einzuleiten. Erstflug der Junkers K 47 am 15. September, ein zweisitziges Jagdflugzeug, dessen Entwicklung und Konstruktion in den Händen von Diplom-Ingenieur Hermann Pohlmann lag. Erstmalig wird am 10. Oktober ein Flugzeug, eine Junkers A 50, durch den „Vogtländischen Flugverein“ auf den Namen „Hugo Junkers“ getauft. Am 9. November startet die viermotorige Junkers G 38, das größte Landflugzeug der damaligen Zeit, zu seinem ersten Versuchsflug. Ernennung Professor Junkers’ zum Ehrensenator der Technischen Hochschule München am 7. Dezember. Verleihung des Siemens-Ringes, eine Stiftung der TH Berlin-Charlottenburg und des Deutschen Museums München, am 17. Dezember an Hugo Junkers „in Anerkennung seiner bahnbrechenden Forschungen und Erfolge auf dem Gebiete der Wärmeausnutzung, Verbrennungsmotoren und Metallflugzeuge“.

Rechts: Titel der Fachzeitschrift „Die Rakete“ mit der Entwurfszeichnung einer Photonrakete, September 1927
Foto: Sammlung des Autors

1930 Am 27. Februar wird versuchsweise für den Physik-Unterricht an deutschen Mittelschulen eine Rundfunk-Übertragung zum Thema Luftfahrt aus dem Dessauer Flugzeugwerk durchgeführt. Zwischen dem amerikanischen Ford-Unternehmen und den Junkers-Werken kommt es zu Patentstreitigkeiten, da die Firma Ford entgegen internationaler Rechtsprechung permanent Junkers-Patente, speziell im Flugzeugbau, verletzt. Die Junkers G 38, Kennung D-2000, stellt am 10. April mit den Piloten Wilhelm Zimmermann und Reginald Schinzinger sechs Weltrekorde in Geschwindigkeit, Entfernung und Dauer auf. Vom 4.–18. Juni startet die Junkers G 38 mit dem Chefpiloten Zimmermann und Flugkapitän Otto Brauer zu einem Europa-Rundflug, der eine hohe internationale Resonanz findet. Der Junkers-Pilot Grundke stellt im Juni mit dem Sportflugzeug A 50 Junior acht Rekorde auf. Am 20. August startet der japanische Journalist Yoshihara Seiji mit einer Junkers A 50 Junior zu einem Flug Dessau–Tokio und legt in elf Tagen die Strecke von 10.960 km zurück. Genau ein Jahr später fliegt die Sportfliegerin Marga von Etzdorf mit dem gleichen Flugzeugtyp die Strecke von Berlin nach Tokio. Mit dem Prototyp des Jagdzweisitzers Junkers K 47 werden in Schweden bei der A. B. Flygindustri in Abstimmung mit der Reichswehr Erprobungen im Sturzflug durchgeführt. Dabei wird eine neuartige Sturzflug-Bremsvorrichtung entwickelt und unter DRP-Nr. 665316 am 4. Juli 1933 angemeldet. Auf dem Dessauer Flugplatz finden am 11. und 16. September die ersten Probeflüge der einmotorigen Junkers Ju 52, Werk-Nr. 4001, statt. Mit dieser Maschine schuf Ernst Zindel nicht nur eines der bekanntesten und meistgefertigten Flugzeuge der Welt, sondern auch eine der sichersten und zuverlässigsten Konstruktionen im Flugzeugbau. Hugo Junkers erhält am 23. September einen mehrseitigen Drohbrief der NSDAP, in dem ihm seine ethischen und demokratischen Ansichten als Weltbürger vorgeworfen werden.

1931 Die immer stärker wirkende Weltwirtschaftskrise führt zu einer vorübergehenden Illiquidität und zu einem Gläubigervergleich der Junkers-Werke. Zur Verbesserung der finanziellen Lage und Umverteilung der Kosten gründet Junkers in Dessau die „Gesellschaft für Junkers-Dieselkraftmaschinen mbH“ (Jukra) und in Chemnitz die „Junkers-Dieselkraftmaschinen GmbH“. Start der ersten europäischen Flüssigkeitsrakete am 14. März in Dessau-Großkühnau durch den Diplom-Ingenieur Johannes Winkler (1897–1947), wissenschaftlicher Mitarbeiter der Abteilung Strömungstechnik in der Forschungs-Anstalt Prof. Junkers. Der Jumo-Schweröl-Flugmotor FO 4, spätere Bezeichnung Jumo 204, eine Entwicklung von Professor Otto Mader und Oberingenieur Kurt Erfurth, wird am 12. April auf dem Flugplatz Tempelhof in verbesserter Form vorgestellt. Dieser Motor setzt mit einem Gewicht von nur 750 kg und einer Leistung von 750 PS neue Maßstäbe. Durch seinen ungewöhnlich geringen Brennstoffverbrauch konnte sich der Flug-Aktionsradius um fast 50 Prozent verlängern. Mit einer Junkers A 50 Junior ortet der Pilot Brehmer im Auftrag der isländischen Heringsfischerei Fischschwärme im Atlantik. Das Bauhaus projektiert unmittelbar am Flugplatz unter der Leitung der Architekten Ludwig Mies van der Rohe und des Stadtplaners Ludwig Hilberseimer eine Junkers-Siedlung, die in ihrer sozial-kulturellen und städtebaulichen Gliederung auf dem Gebiet des Neuen Bauens richtungsweisend ist und internationale Maßstäbe setzt. Ab 1. Juli wird die Junkers G 38 im ständigen Liniendienst der Luft Hansa auf der Strecke Berlin–Amsterdam–London eingesetzt. Erster Nachtflug der Junkers G 38 am 23. August auf der Linie Berlin–Königsberg. Die Reichswehr streicht das Jagdflugzeug Junkers K 47 aus dem Erprobungsprogramm, da sich Professor Junkers nicht den gewünschten „militär-technischen Forderungen“ unterordnen wollte. Am 2. Oktober startet das neu entwickelte Forschungs-Höhenflugzeug Junkers Ju 49 mit dem Piloten Diplom-Ingenieur Hoppe zu seinem Erstflug. Mit dieser Maschine werden in der Folgezeit mehrere Rekorde geflogen und die wissenschaftlich-technischen Voraussetzungen für den sogenannten Stratosphärenflug geschaffen. Klaus Junkers, der zweitälteste Sohn von Hugo Junkers, übernimmt mit Dr. Adolf Dethmann und August Mühlen am 1. Dezember die Geschäftsleitung des Flugzeugwerkes Dessau.

1932 Erstflug einer Junkers Ju 52/3m mit der Werk-Nr. 4008 am 7. März, sie ist für Bolivien bestimmt. Mit Wirkung vom 22. März müssen die Junkers-Werke „die Zahlungen einstellen und das ge-

Rechts: Werbeschrift über Junkers-Schwerölmotore, 1929
Foto: Sammlung des Autors

richtliche Vergleichsverfahren beantragen". Die ersten dreimotorigen Junkers Ju 52 werden ausgeliefert. Die Maschine entwickelt sich aufgrund ihrer hohen technischen Parameter schnell zum Standardtyp der Deutschen Luft Hansa und zahlreicher ausländischer Fluggesellschaften. Alle bisherigen flugtechnischen und konstruktiven Erfahrungen, die in den Junkers-Werken gesammelt wurden, sind in diesem neuen Flugzeugtyp vereint. Beim Internationalen Flugmeeting in Zürich wird am 25. August die Junkers Ju 52/3m als Sieger gekürt. Die gerichtlich eingesetzten Treuhänder bescheinigen am 8. November den Junkers-Werken Solidität und ein hohes wissenschaftlich-technisches Know-how, aber auch ihre Illiquidität. Deshalb hatte Hugo Junkers bereits am 4. November sein Stammwerk und wirtschaftlich besten Betrieb, Junkers & Co., an die Robert Bosch AG verkauft, um so die Defizite auszugleichen. Mit einer weiteren Neuentwicklung, der Junkers Ju 60, einem Schnell-Verkehrsflugzeug, wird zur Verringerung des Luftwiderstandes die Glattblechbauweise bei Junkers eingeführt. Am 8. November startet die Junkers Ju 60 V1 zu ihrem Erstflug. Trotz technischer Erfolge kommen die Junkers-Werke nicht aus den Zahlungsschwierigkeiten heraus. Daher gründet Hugo Junkers am 24. November in Dessau die Tochterfirma „Junkers Flugzeugwerk-Betriebs-Gesellschaft mbH", die „Junkers Flugzeug-Patentstelle GmbH" (Ifa-Pat), die „Junkers Motoren-Patentstelle GmbH" (Jumo-Pat) und in Roßlau als Teil der Forschungsanstalt die „Junkers Freikolben-Abteilung". Der neu entwickelte Junkers-Flugmotor Jumo 205 beginnt im Dezember mit seinen ersten Prüfstandsläufen. Bauhaus-Architekten unter der Leitung des Städteplaners Ludwig Hilberseimer erarbeiten für die Junkers-Werke Pläne für neue Industriestandorte mit einer entsprechenden Infrastruktur im Umfeld der Stadt Dessau.

1933 Der Nationalsozialismus kommt in Deutschland am 30. Januar an die Macht. Zwei Tage nach der Machtergreifung fordert das Reichskommissariat für Luftfahrt von Professor Junkers die Übertragung aller seiner Patente ohne finanzielle Gegenleistung. „Unter dem Zwang der Umstände" unterschreibt Junkers am 2. Juni den Übertragungsvertrag mit dem Reichsluftfahrtministerium in Berlin. Insgesamt sind es 106 Patentschriften, die Luftfahrt und den Motorenbau betreffend. Familienangehörige und enge Mitarbeiter von Professor Junkers wurden zeitweilig unter „Schutzhaft" gestellt, um ihn gefügiger zu machen. Am 15. Oktober wird Hugo Junkers als Person von den Nationalsozialisten als politisch unzuverlässig und hinderlich für die Einbeziehung seiner Flugzeug- und Motorenwerke in die geplante Aufrüstung angesehen. Unter Androhung eines Landesverratsprozesses zwingt man ihn deshalb zum Ausscheiden aus seinen Betrieben. Das Reichsluftfahrtministerium erhält ohne Gegenwert 51 Prozent der persönlichen Junkers-Aktien und kann nun nach Gutdünken entscheiden. Professor Junkers darf die Stätten seines Wirkens, die Stadt Dessau und seine Betriebe, nicht mehr betreten. Gleichzeitig ist ihm jeglicher Kontakt zu außenstehenden Personen, auch zu einem Teil seiner Familienangehörigen, untersagt. Als Aufenthaltsort wurden für ihn Bayrischzell und München festgelegt. Dort muss er sich unter ständiger Polizeiaufsicht bewegen. Auf Veranlassung des Reichsluftfahrtministeriums hat Junkers mit Wirkung vom 24. November seine Funktion im Aufsichtsrat der Ifa und Jumo niederzulegen. Diese Ämter übernimmt am 6. Dezember Heinrich Koppenberg, ehemaliger Direktor des Flick-Konzerns. Im Junkers Flugzeug- und -Motorenwerk (JFM) beginnt im Rahmen eines „Programms für Arbeitsbeschaffung" der Großserienbau von Junkers Ju 52/3m, W 33 und W 34 für militärische Zwecke im Auftrag von Hermann Göring als Reichsminister für Luftfahrt. Gleichzeitig beginnt der systematische und groß angelegte Ausbau der JFM-Werke zu einem der größten und modernsten Luftfahrtunternehmen der Welt.

1934 Durch das Verbot, sich weiterhin mit dem Flugzeugbau zu beschäftigen, wendet sich Junkers nun ganz dem Metallhausbau und dessen Ausstattung mit Mobiliar, Klimaanlagen und Raumdurchleuchtung zu. Dazu gründet er in München die „Forschungs-Anstalt Professor Hugo Junkers GmbH". Er betreibt Grundlagenforschung zu Problemen von industriell gefertigten Metallhäusern im Montagebau. Durch die bewusste Einbeziehung von typisierten und standardisierten Stahlkonstruktionen, die er bis zur Patentreife entwickelt, entwirft Junkers eine Serie von

Oben: Interessiert verfolgt der Atlantikflieger und US Oberst Charles Lindbergh den Probelauf eines Jumo-Hochleistungsflugmotors während seines Deutschlandbesuchs in Dessau im Juli 1936.
Foto: Sammlung des Autors

Metallbauten, u.a. Stahlhochhäuser in der Größenordnung eines Mega-Habitats. Einen wesentlichen Teil seiner Patentanmeldungen lässt er von nun an auf den Namen seiner Ehefrau Therese oder anderer Familienmitglieder eintragen. An seinem 75. Geburtstag, am 3. Februar, erhält er durch den Oberstaatsanwalt Erich Lämmler weitere Beschränkungen auferlegt, die einer Haftstrafe gleichen. Er steht von nun an unter ständiger Begleitung eines Kriminalbeamten der Gestapo. Am 18. August vereinbart er mit seiner Frau eine amtsgerichtliche Gütertrennung, um so die Familie juristisch zu schützen. Kurze Zeit danach erkrankt er an einem Gallenleiden, was einen chirurgischen Eingriff in einer Münchner Klinik notwendig macht. Bereits während seines Sanatoriumsaufenthalts in Murnau in Oberbayern entwickelt Professor Hugo Junkers neue Ideen und Pläne. Eines seiner letzten Forschungsergebnisse wird patentiert als „Einrichtung zur Raumbeleuchtung mit Tages- und künstlichem Licht, insbesondere mit beiden Lichtarten gleichzeitig". Es trägt die DRP-Nummer 631798.

1935 Am 3. Februar, seinem 76. Geburtstag, stirbt Hugo Junkers in seinem Haus in Gauting, Hindenburgstraße 18, bei München. Auf dem Münchner Waldfriedhof findet am 9. Februar unter großer Anteilnahme der Öffentlichkeit die Beisetzung statt. Der Münchner Bildhauer Professor Bernhard Bleeker gestaltet 1940 das Grabmal von Hugo Junkers. Es zeigt den fliegenden Menschen in Begleitung mehrerer Adler mit dem Spruch: „Näher dem Adler, näher der Sonne, näher den Sternen".

1936 Absturz der JFM Ju 87 V1 während der Flugerprobung am 24. Januar, wobei beide Piloten am Rande der Ortslage Kleutsch, südöstlich von Dessau, den Fliegertod fanden. Eröffnung der museal erweiterten Junkers-Lehrschau im neuen Verwaltungskomplex des Flugzeugwerkes am 9. März in Anwesenheit des Reichsministers Hermann Göring. Offizieller Zusammenschluss der Junkers Flugzeugwerk AG (Ifa) und der Junkers Motorenbau GmbH (Jumo) zur Junkers Flugzeug- und -Motorenwerke AG (JFM) am 5. Juli. Als offizielle Konzernmitteilungen der Junkers Flugzeug- und -Motorenwerke AG erscheinen wieder die „Junkers-Nachrichten". Von 1926 bis 1931 kamen sechs Jahrgänge mit 28 Heften zur Auslieferung. Bis 1944 werden 15 Jahrgänge herausgegeben, die teilweise auch mehrsprachig (englisch/spanisch/italienisch) abgefasst sind. Unter der Leitung von Professor Herbert Wagner beginnt im neu errichteten JFM-Motorenwerk in Magdeburg die Großserienfertigung von Flugmotoren. Der amerikanische Oberst Charles Lindbergh besucht am 30. Juli die JFM-Werke in Dessau. Langstreckenflug am 22./23. August mit einer Zivilvariante der JFM Ju 86 A-1, Kennung D-AXEQ „Bückeberg", Werk-Nr. 086 0018, mit der Besatzung Flugkapitän Robert Untucht, Diplom-Ingenieur Fritz Achterberg und dem Funker Brauner über 5.800 km nonstop in 20 Stunden von Dessau nach Bathurst/Gambia in Afrika. Erstflug des neuen zweimotorigen Universal-Bombers JFM Ju 88 V1 nach nur zwölf Monaten Entwicklungszeit am 21. Dezember mit dem Flugkapitän Karl-Heinz Kindermann.

1937 Am 17. Februar wird eine JFM Ju 86 nach Australien überführt. Die 17.000 km lange Flugstrecke wird in 69 Stunden zurückgelegt. Der „Oasenflug" in Ägypten, ein internationaler Motorflugwettbewerb vom 22. bis 26. Februar, wird von der Crew Freiherr Speck von Sternberg/von Blomberg/von Salomon/Posner mit einer JFM Ju 86, ausgestattet mit 2x Jumo-205-Motore, gewonnen. Die Serienproduktion der Militärversion der JFM Ju 86 K-1 bis K-7 für den Export läuft in Dessau an und gliedert sich wie folgt: JFM Ju 86 K-1-Serie für Schweden; JFM Ju 86 K-2-Serie für Ungarn; JFM Ju 86 K-3-Serie für Südafrika; JFM Ju 86 K-4-Serie für Schweden; JFM Ju 86 K-5-Serie für Schweden; JFM Ju 86 K-6-Serie für Chile und die JFM Ju 86 K-7-Serie für Portugal. Zivilvarianten der JFM Ju 86 werden u.a. nach Bolivien, Chile, Schweden, in die Mandschurei, die Schweiz und Südafrika exportiert. Gleichzeitig wird die JFM Ju 86 P als Stratosphären-Aufklärer entwickelt, um in Höhen zwischen 10.000 und 14.000 m operieren zu können. In Dessau-West entsteht im Massenwohnungsbedarf entlang der heutigen Altener Straße am historischen Rodebilleviertel bis 1941 die sogenannte Junkers-Stadt. Im Dessauer Junkers-Stammwerk und im Lizenzwerk Weser-Flugzeugbau GmbH Bremen mit der Endmontage in Lemwerder beginnt die Serienfertigung des Stukas JFM Ju 87 in neun verschiedenen Baureihen mit insgesamt 38 Versionen. Bis zur Einstellung der Stuka-Produktion vom Typ JFM Ju 87 im August 1944 wurden 6.300 Maschinen gebaut, die als Menetekel deutscher Blitzkriegspolitik anzusehen sind. Zu berücksichtigen sind dabei auch die Export-Baureihen: JFM Ju 87 K-1-Serie für Japan; JFM Ju 87 K-2-Serie für Ungarn; JFM Ju 87 K-3-Serie für Bulgarien und die JFM Ju 87 K-4-Serie für Ungarn. Am 24. August überquert eine JFM Ju 52/3m mit der Kennung: D-ANOY, mit der Besatzung Direktor Carl August von Gablenz, Flugkapitän Robert Untucht und Oberfunkermaschinist Karl Kirchhoff in 7.000 m Höhe das Pamirgebirge. Erstflug des Großtransportflugzeuges JFM Ju 90 V1 am 28. August mit Flugkapitän Peter Hesselbach am Steuer. Während eines Probefluges verunglückt am 19. September die JFM EF 61. Die Besatzung kann sich durch einen Fallschirmabsprung retten. Der Generaldirektor des JFM Dessau, Dr. h.c. Heinrich Koppenberg, wird durch Hermann Göring mit Wirkung vom 1. Oktober zum Sonderbeauftragten des JFM Ju-88-Programms berufen. Ernst Udet entscheidet als Leiter des Technischen Amtes und Generalluftzeugmeister, den zweimotorigen Horizontal-Schnellbomber JFM Ju 88 auf Sturzflugfähigkeit umzubauen.

1938 Während eines Flugversuches der JFM Ju 90 V1 am 2. Februar zu Problemen des Schwingungsverhaltens der Maschine bei hohen Geschwindigkeiten kommt es zum Absturz, wobei sich nur der Flugkapitän und Chefpilot Karl-Heinz Kindermann und der Versuchsingenieur Erich Gast mit dem Fallschirm retten können, der Versuchsingenieur Alfred Hahnemann findet dabei den Fliegertod. In einer Rekordzeit von 31 h 34 min fliegt eine JFM Ju 86 K, Kennung ZS-ANI, mit der Besatzung Untucht, Reinhardt, Schreiber vom 8. bis 10. Mai die über 10.000 km lange

Unten: Die FM Ju 86z flog erfolgreich nahezu 17 Jahre im Liniendienst zahlreicher Fluggesellschaften in Afrika, Australien, Europa und Südamerika.
Foto: Sammlung des Autors

Unten: Stehende Ovationen gab es während des Presseflugges der JFM Ju 90 V1 mit der Kennung D-AALU „Der Große Dessauer" am 13. September 1937. Sichtlich beeindruckt von den hervorragenden flugtechnischen Leistungen des neuen großen Verkehrsflugzeuges mit einer vorzüglich ergonomisch gestalteten Innenausstattung, gehobenem Komfort mit einer exzellent ausgestatteten Bordküche, einem separaten Rauchersalon und weiteren technischen Extras wie Sauerstoffmasken erlebten die anwesenden Journalisten und Pressefotografen das Vorzeigemodell einer neuen Flugzeuggeneration.
Foto: Sammlung des Autors

Strecke von Dessau nach Germiston in Südafrika. Erstflug der JFM Ju 88 V6 am 18. Juni in den von Ernst Udet geforderten Versionen: als Horizontalbomber; als Sturzkampfbomber; als schweres Bombenflugzeug mit kurzer Reichweite; als leichtes Bombenflugzeug mit großer Reichweite; als schneller Aufklärer und als Zerstörer gegen bewegliche schwere Ziele. Die „Federation Aeronatique Internationale" tagt am 27. Juni in Dessau. Ab 1. September läuft in den JFM und ab Spätsommer 1940 in den Nachbaufirmen das größte deutsche Flugbeschaffungsprogramm an, das in der Militärgeschichte des Zweiten Weltkrieges beispiellos ist. Kein Flugzeugtyp zwischen 1938 und 1945 unterliegt so viel konstruktiven Veränderungen und solch einer Typenvielfalt wie die JFM Ju-88-Baureihen mit zwölf Hauptgruppen und weit über 60 Versionen, von denen die JFM Ju 88 A4 mit Abstand die umfangreichste Bauvariante darstellt. Mit 15.100 gefertigten Exemplaren ist es volumenmäßig das größte Flugzeugprogramm. Hinzu kommen noch die Nachfolgemodelle bzw. Neu- und Nachfolgeentwicklungen wie die JFM Ju 188, Ju 288, Ju 388 und Ju 488. Auch bei diesen Flugzeugtypen gibt es mehrere Hauptgruppen und eine Vielfalt an Versionen. Eigens für diese Fertigung entsteht in Bernburg ein großes Endmontagewerk, dem eine Zulieferindustrie aus dem gesamten mitteldeutschen Raum angegliedert wird. Der JFM-Konzern gliederte sich im mitteldeutschen Raum wie folgt: IFA Dessau (Stammwerk) mit den Schwerpunkten Forschung und Entwicklung, Konstruktion, Versuchs- und Sonderbau, Vorrichtungsbau, Zentrale Lehrlingsausbildung, Schulungs- und Forschungszentrum, Information und Dokumentation, Zentrale Lehrmittelstelle, Lizenzen und Patente; IFA Aschersleben mit dem Schwerpunkt der Rumpfbaufertigung; IFA Halberstadt mit dem Schwerpunkt der Tragflächenherstellung; IFA Leopoldshall mit den Produktionsschwerpunkten Leitwerke und Triebwerkausrüstungen; IFA Bernburg mit dem Schwerpunkt der

Endmontage und Flugbetriebabnahme; IFA Schönebeck als Fertigungsbereich Zerspanung und Einzelfertigung; Jumo Dessau (Stammwerk) mit den Aufgaben Forschung und Entwicklung, Konstruktion, Lizenzen und Patente, Versuchs- und Erprobungsbau, Serienfertigung, Prüfstände, Zentrale Erprobungsstelle; Jumo Köthen und Jumo Magdeburg mit dem Schwerpunkt der Serienfertigung von Flugmotoren. Die frühere Schlesische Flugzeug-Reparaturwerft GmbH Breslau wird ab dem 1. Oktober dem Junkers-Konzern JFM Dessau als Flugzeugwerft Breslau unterstellt.

Der amerikanische Oberst Lindbergh besucht im Oktober zum zweiten Mal die JFM-Werke in Dessau und das Motorenwerk Magdeburg. Einweihung der JFM-Flugwerft Leipzig am 10. November. Am 26. November stürzt während des Südatlantikfluges in Bathurst/Afrika die JFM Ju 90 V2 „Preußen", Kennung D-AIVI, durch das Streifen einer Baumkrone während des Startes ab.

1939 Internationaler Geschwindigkeitsrekord im März mit einer JFM Ju 88 mit 2x Jumo-211-Motoren über eine Strecke von 1.000 km mit einer Nutzlast von 2.000 kg. Die Besatzung mit dem Piloten Seibert und Diplom-Ingenieur Heintz erreicht dabei eine Durchschnittsgeschwindigkeit von 517 km/h. Der große französische Pilot und Schriftsteller Antoine de Saint-Exupéry besucht im März 1939 das Dessauer Flugzeugwerk und spricht dort mit ehemaligen Mitarbeitern von Prof. Junkers.

Das von dem in Dessau geborenen Physiker Dr. phil. Hans-Joachim Pabst von Ohain (1911–1998) entwickelte erste Turbinen-Strahltriebwerk der Welt wird als Prototyp am 27. August in einer Heinkel He 178 durch den Piloten Erich Warwitz erfolgreich getestet. Das Triebwerk erhält die Typenbezeichnung He S 3B und leitet das Düsenjet-Zeitalter ein. Doch dieses Strahltriebwerk geht nicht in Serienproduktion, da bereits zwei weitere Entwicklungen in Deutschland existieren: der Jumo 004 der JFM Dessau und der BMW 003 in München. Interessant ist, dass der englische Luftwaffen-Ingenieur Frank Whittle fast zeitgleich das erste britische Strahltriebwerk, die Gloster E 28/39, entwickelt. Der Erstflug findet am 15. Mai 1941 statt. Die Flugzeugindustrie der USA übernimmt zwar sofort die Technik, kommt jedoch bis 1945 nicht aus der Erprobungsphase heraus. So bleibt es der Messerschmitt Me 262 vorbehalten, ausgerüstet mit zwei JFM Jumo-004-Triebwerken, als erster einsatzfähiger Strahljäger der Welt ab Juli 1944 „Militärgeschichte" zu schreiben. In Dessau wird am 21. Dezember das Otto-Mader-Werk als zentrales Forschungs- und Entwicklungszentrum für Motoren und verstellbare Luftschrauben gegründet.

1940 Eine hochrangige japanische Delegation besucht am 7. Januar die Dessauer Junkers Flugzeug- und -Motorenwerke AG mit dem Ziel, den Ausbau des japanischen Luftverkehrsnetzes zu erweitern, speziell in der Kooperation mit Lizenzen zwischen Junkers und Mitsubishi. Die JFM Ju 86 P V1 stürzt bei einem Testhöhenflug im Januar ab. Am 14. Februar startet die JFM Ju 86 P V2 mit einer neu gestalteten Höhenkammer mit dem Versuchsingenieur Ernst Seibert und dem Diplom-Ingenieur Kurt Heintz zu einem weiteren Testflug in die Stratosphäre. Beide Piloten hatten bereits am 19. März 1939 mit der JFM Ju 88 V5, Kennung D-ATYU, zwei von der FAI bestätigte Weltrekorde an Geschwindigkeit und Nutzlast aufgestellt. Erstflug des Horizontal-Schnellbombers JFM Ju 88 B V23 mit einer neuartigen sphärischen druckfesten Vollsichtkanzel am 19. Juni durch den Flugkapitän Diplom-Ingenieur Rupprecht Wendel, einem Nachfahren des in Dessau tätigen Philanthropen und Schulreformers Johann Bernhard Basedow (1724–1790). Entwicklung des Nachfolgemodells des Transportflugzeuges JFM Ju 52/3m. Das Projekt erhält die Typenbezeichnung JFM Ju 252 und wird ab 1942 in minimierter Form und aufgrund von Metallbeschaffungsproblemen in einer Mischbauweise Holz/Metall als JFM Ju 352 Transportflugzeug mit einer Rüstmasse von 12,5 t in geringen Stückzahlen gefertigt. Die Bevölkerung der Stadt Dessau erlebt mit ihren 131.191 Einwohnern am 20. August den ersten Luftangriff durch britische Bombenflugzeuge. Gegen 1.00 Uhr nachts fallen die ersten 50-kg-Sprengbomben. Sechs Tote, 15 Verletzte und zwei Vermisste werden gemeldet.

1941 Dr. rer. pol. Leo Siegfried Rothe übernimmt den Vorsitz des Vorstandes der Konzernverwaltung der JFM Dessau und löst damit de facto Dr. h.c. Heinrich Koppenberg ab. Das Reichsluftfahrtministerium (RLM) erteilt am 11. Februar den Vorbescheid für den Bau von Großtransport-Langstreckenflugzeugen der Typenreihe JFM Ju 90, die auch in ihrer Weiterentwicklung als vier- bzw. sechsmotorige Maschinen JFM Ju 190, Ju 290 und Ju 390 in verschiedenen Stückzahlen gebaut wurden. Erstflug des schnellen Horizontalfernbombers JFM Ju 288 V2 am 1. März, der Ju 288 V3 am 18. April, der Ju 288 V4 am 17. Mai und der Ju 288 V5 am 8. Oktober. Bei diesem zweimotorigen Bomber handelt es sich um eine Entwicklung, die aufgrund zahlreicher Verzögerungen verschiedener Art nicht in die Großserienfertigung ging. Die Junkers G 38, das größte Passagier-Landflugzeug Ende der 1920er-Jahre, Zivilkennung: D-2500, wurde mit der Militärkennung: GF + GG als Transportflugzeug im Krieg eingesetzt und am 17. Mai durch englische Jäger auf dem Flugplatz Athen-Tatoi zerstört.

1942 In den JFM werden neu entwickelte Flugmotore verschiedener Typen getestet wie der Jumo 208 mit einer Leistung von 1.110 kW (1.500 PS). Mit einem Jumo 207 B, Leistung 550 kW (750 PS), wird eine Fluggipfelhöhe von 15.000 m erreicht. Das Strahltriebwerk JFM Jumo 004 wird erstmals an einer Messerschmitt Me 262 am 18. Juli durch den Piloten Fritz Wendel auf seine Flugeigenschaften erprobt. Der JFM-Konstrukteur Prof. Dr.-Ing. Heinrich Hertel lässt durch aerodynamische Windkanalversuche die wissenschaftlichen Voraussetzungen für die Entwicklung eines mehrstrahligen Schnell-Fernbombers, der späteren JFM Ju 287, erarbeiten. Die bis zur Patentreife entwickelten Modellstudien erbringen den Beweis, dass eine negative Pfeilung bei sehr dünnen Tragflächen ein extrem schnelles Flugzeug im Schallbereich hervorbringt.

1943 Im Frühjahr geht die JFM Ju 188 im Zweigwerk Bernburg und beim Lizenznehmer ATG Leipzig mit einer Gesamtstückzahl von 1.237 gefertigten Exemplaren in Serie. Wie kein anderer Flugzeugtyp des Zweiten Weltkrieges vereint diese Kampfmaschine in sich die Summe der militärtaktischen Erfahrungen der Piloten aus dem direkten Fronteinsatz in Verbindung mit den technologisch-konstruktiven Möglichkeiten im Flugzeugbau und in der Bewaffnung jener Zeit in Deutschland. Erstflug der JFM Ju 288 V108, das heißt der 108. Versuchsmaschine, am 9. Oktober.

Flugkapitän Hans Joachim Pancherz und Flugversuchsingenieur Erich Gast starten am 20. Oktober das sechsmotorige Großtransport-Langstreckenflugzeug JFM Ju 390 V1, Werk-Nr. 390 000 001, Kennung: GH + UK, mit einer Leistung von 8.820 kW (12.000 PS), mit 74 t Abflugmasse und einer theoretischen Reichweite von 12.000 km zu seinem Erstflug. Ein Baustopp aufgrund veränderter militärischer Prioritäten von 26 Maschinen dieses Typs verhindert den geplanten Kriegseinsatz. Am 12. November werden erstmals mit einer JFM Ju 290 Luft-Betankversuche durchgeführt.

1944 Das Reichsluftfahrtministerium erteilt dem JFM den Auftrag, verstärkt Mistelgespanne, d.h. als fliegende Bomben umgerüstete Flugzeuge, zu bauen. Mit dieser Waffentechnik soll die Wende im Zweiten Weltkrieg erreicht werden. Die Stadt Dessau erlebt ihre ersten beiden Tages-Großangriffe durch die 8. US Air Force am 28. und 30. Mai, die dem Junkers-Konzern gelten. Dabei wird das historische Stadtzentrum schwer beschädigt. Der JFM-Konzern weist zahlreiche schwere Bombentreffer aus, die aber den Fertigungs- und Forschungsablauf im Rüstungsunternehmen nicht gravierend beeinträchtigen. Erstflug der JFM Ju 287 V1, einem vierstrahligen Schnellfernbomber mit vorwärts gepfeilten Tragflächen von großer Reichweite, am 16. August durch den Flugkapitän Siegfried Holzbaur. Keinem deutschen Flugzeug ist nach Beendigung des Zweiten Weltkrieges von den Alliierten in Ost wie West so viel Bedeutung beigemessen worden, wie der wissenschaftlichen Untersuchung und Auswertung dieses Strahlbombers. Der JFM-Konzern weist rund 165.000 Beschäftigte aus. Die Einwohnerzahl von Dessau beträgt rund 145.000 Bewohner.

1945 Dessau und mit ihr die zahlreichen Industriebetriebe werden durch alliierte Bombenangriffe am 16. Januar und besonders schwer in der Nacht vom 7. zum 8. März zerstört. Am 7. März vormittags erteilt das Reichsluftfahrtministerium dem JFM in Dessau mit höchster Dringlichkeitsstufe den Auftrag, mit der Serienfertigung vom Typ JFM Ju 287 in einer Stückzahl von 100 Flugzeugen pro Monat zu beginnen.

Wenige Stunden nach der Auftragserteilung liegen die JFM-Werke in Trümmern. Am 20. April riegelt die 3. Panzerdivision unter Brigadegeneral Doyle O. Hickey, sie gehörte dem VII. Armeekorps der 1. US-Armee unter Generalmajor Lawton J. Collins an, die Stadt von drei Seiten in Richtung Elbe und Mulde systematisch ab. Mit massiver Artillerieunterstützung beginnt am 21. April, ab 6.00 Uhr, der Sturm auf Dessau. Die Junkers Flugzeug- und -Motorenwerke (JFM) werden aufgrund ihrer militärischen Bedeutung zuerst eingenommen und danach von Spezialeinheiten besetzt. In den Morgenstunden des 23. April sind die Kampfhandlungen in der zu über 80% zerstörten Stadt beendet. 3,4 Millionen Kubikmeter Trümmer und Schutt bedecken Dessau, das einstige Zentrum der Junkers-Werke. Aber auch die glanzvollen Bauten der einstigen Haupt- und Residenzstadt Anhalts und mit ihnen kulturgeschichtliche Zeugnisse sind zerstört. Eine Stadt hat ihr Antlitz verloren.

Epilog: Sonderkommandos der US Army unter der Leitung sogenannter technischer Offiziere nehmen die Junkers-Werke, insbesondere den Flugzeugbau, unter Kontrolle. Neben einer wissenschaftlichen Bestandsaufnahme auf den Gebieten der Forschung und Entwicklung, der praktischen Windkanalversuche, der Fertigungstechnologie, der Werkstoffforschung, dem wissenschaftlichen Archiv- und Patentwesen werden auch nicht zerstörte Baugruppen von Flugzeugen und Flugzeugmotoren bzw. Strahltriebwerken erfasst und für den Abtransport vorbereitet. Unter der Tarnbezeichnung „Verhüllung" beginnt im Juni 1945 der sogenannte „Technologietransfer" go West durch die US Naval Technical Mission Europe.

Besatzerwechsel! Die Rote Armee zieht am 2. Juli 1945 in die Stadt ein. Auf der Grundlage der Konferenzen von Jalta und Teheran wird vereinbarungsgemäß Mitteldeutschland der sowjetischen Besatzungsmacht übergeben. Im Zuge des „Technologietransfers" und der Reparationsleistungen an die UdSSR werden Junkers-Spezialisten nach Podberesje bei Moskau (Flugzeugbauer) und nach Uprawlenscheskije bei Kuibyschew (Motorenbauer) zwangsverpflichtet. Sämtliche Produktionsanlagen des JFM-Konzerns werden demontiert. Eine Rückkehr der Junkers-Mitarbeiter mit ihren Familien nach Deutschland erfolgte im Wesentlichen zwischen 1952 und 1953.

Oben: Ruhestätte der Familie Junkers auf dem Münchner Waldfriedhof. Der Bildhauer Prof. Bernhard Bleeker von der Kunstakademie München gestaltete 1940 mit Gudrun Junkers ein künstlerisch ansprechendes Grabmal nach einem klassischen Motiv: der fliegende Mensch, umgeben von Adlern mit dem Schriftzug „Näher dem Adler, näher der Sonne, näher den Sternen".
Foto: Sammlung des Autors

In Kassel wird 1950 von der amerikanischen Besatzungsmacht das einzige auf dem Gebiet der alten Bundesländer liegende JFM-Zweigwerk (Motorenfertigung) neben Fritzlar bei Kassel (Flugzeug-Lizenzfertigung) beschlagnahmt und demontiert. Das Land Hessen verkauft als Treuhänderin am 28. Februar 1950 das Grundstück für 4.096.543 DM. Mit dieser finanziellen Transaktion endet die Geschichte des größten deutschen Flugzeug- und Motorenwerkes. Bestrebungen und hoffnungsvolle Ansätze in beiden deutschen Staaten bis in die 1960er-Jahre, den einstmals innovativen Flugzeugbau im Sinne eines Professor Hugo Junkers wieder aufzunehmen, zerschlugen sich an den Fronten des Kalten Krieges. Zu groß waren noch das Misstrauen wegen der militärisch orientierten Luftfahrtforschung des Dritten Reiches und die Vorbehalte gegenüber einer zu erwartenden Konkurrenz.

Mit der Übernahme der Ju 60 ba mit dem Namen „Pfeil“, Werk-Nr. 4201, in den Flugbetrieb der Deutschen Luft Hansa AG im Mai 1933 unter der Kennung D-2400 – späteres Kennzeichen D-UPAL – gelang es Prof. Junkers, sein Konzept eines Schnellverkehrsflugzeuges in der Öffentlichkeit vorzustellen. Die Maschine präsentierte sich in einer aerodynamisch optimalen Form, wobei der Glattblechrumpf mit dem Motor, einem P&W „Hornet 2“, eine ideale gestalterische Einheit bildete. In ihrer Konfiguration vereint die Ju 60 Neuheiten, die bei den Flugzeugtypen Junkers A 48, A 50 und Ju 52 erstmals angewandt wurden.

Foto: Lufthansa

Flugzeugtypen und Patente

Junkers-Flugzeugtypen auf einen Blick

Grundlage der tabellarischen Übersicht bilden die Flugzeugtypen, die in den Junkers-Werken unter der Leitung von Prof. Hugo Junkers zwischen 1915 und 1933 sowie dem späteren Staatskonzern Junkers Flugzeug- und -Motorenbau AG (JFM) Dessau unter der Ägide von Dr. Heinrich Koppenberg (1933 – 1941) und Dr. Leo Rothe (1941 – 1945) gebaut wurden und geflogen sind. Das letzte Kriterium bildete die Voraussetzung zur Aufnahme in diese Tabelle. Ein Flugzeug erfüllt erst dann seine Funktion, wenn es sich durch die Kraft seiner eigenen Motoren in die Luft erheben kann, im Schlepptau fliegt oder im Gleitflug bzw. durch die Thermik segelt.

Eine Zusammenstellung der technischen Daten erfolgte aus Flugberichten, Prüfprotokollen, historischen Typenblättern bzw. Veröffentlichungen und internen Werksunterlagen. Als Ordnungsprinzip wurden die chronologische Zahlenfolge der Typennummer und das Baujahr gewählt. Abweichungen gibt es nur dann, wenn es sich um Modifikationen oder Folgemuster handelt, die aus einem bestimmten Flugzeugtyp abgeleitet wurde.

Die folgenden Musterbezeichnungen bedeuten:

J/Ju Junkers
A offenes einmotoriges Post- und Kurierflugzeug
F einmotoriges Verkehrsflugzeug
G mehrmotoriges Großflugzeug
H einmotoriges Militärflugzeug (Aufklärer, Jäger)
K mehrmotoriges Kampfflugzeug (Aufklärer, Bomber)
M mehrmotoriges Frachtflugzeug
R bewaffnete Ausführung eines zivilen Flugzeuges
S offenes mehrmotoriges Post- und Kurierflugzeug
T kleines Schul- und Sportflugzeug
W einmotoriges Frachtflugzeug

Abweichungen werden durch folgende Buchstaben charakterisiert:

an der Flugzelle durch die Konsonanten **b, c, d, f ...**
am Flugmotor durch die Vokale **a, e, i ...**

Junkers J 1

Junkers J 1

Baujahr: 1915
Erstflug: 12. Dezember 1915
Verwendungszweck: Versuchsflugzeug
Besatzung: 1
Passagiere: k.A.

Technische Daten:

Bauweise:	Mitteldecker in freitragender Schalenbauweise
Länge (m):	8,62
Höhe (m):	3,11
Spannweite (m):	12,95
Flügelfläche (m^2):	24,60
Leergewicht (kg):	900
Gesamtfluggewicht (kg):	1.080
Höchstgeschwindigkeit (km/h):	170
Reisegeschwindigkeit (km/h):	160
Gipfelhöhe (m):	6.300
Landegeschwindigkeit (km/h):	k.A.
Flugzeit (h):	1,5
Landegeschwindigkeit (km/h):	k.A.
Motor (kW/PS):	1x Daimler D II (88/120)

Besonderheiten und Leistungen:
Welterstes flugfähiges freitragendes (verspannungsloses) Flugzeug in Ganzmetallbauweise aus 0,1 mm bis 0,2 mm starkem Eisenblech. Die freitragende Flügelform stellt in ihrer konstruktiv statischen Gestalt ein qualitativ neues aerodynamisches Auftriebselement dar, das in seiner Konsequenz den Flugzeugbau richtungsweisend beeinflussen sollte. Zugleich ist die J 1 das erste Flugzeug der Welt, das in segmentierter Schalenbauweise gefertigt wurde.

Junkers J 2

Baujahr: 1916
Erstflug: 11. Juli 1916
Verwendungszweck: Jagdflugzeug
Besatzung: 1
Passagiere: k.A.

Technische Daten:

Bauweise:	freitragender Tiefdecker
Länge (m):	7,43
Höhe (m):	3,13
Spannweite (m):	11,70
Flügelfläche (m^2):	24,64
Leergewicht (kg):	1.018
Gesamtfluggewicht (kg):	1.165
Höchstgeschwindigkeit (km/h):	185
Reisegeschwindigkeit (km/h):	165
Gipfelhöhe (m):	4.000
Reichweite (km):	k.A.
Flugzeit (h):	1,5
Landegeschwindigkeit (km/h):	k.A.
Motor (kW/PS):	Daimler D III (88/120) bzw. D III (118/160)

Besonderheiten und Leistungen:
Erster freitragender Junkers-Tiefdecker, dessen Motor als absolute Neuheit einen Düsenkühler (Junkerspatent) besaß. Von dem Flugzeugtyp wurden sechs Maschinen in zwei Varianten gebaut.
Aus luftfahrthistorischer Sicht repräsentiert die J 2 das erste Ganzmetall-Jagdflugzeug, das vorrangig nach militärtaktischen Gesichtspunkten entstand. Aus aerodynamischer und konstruktiver Sicht war die Maschine, trotz schwacher Motorleistung, ihrer Zeit weit voraus.

■ Junkers J 4 (J. 1)

Baujahr: 1917
Erstflug: 28. Januar 1917
Verwendungszweck: Infanterieflugzeug
Besatzung: 2
Passagiere: k.A.

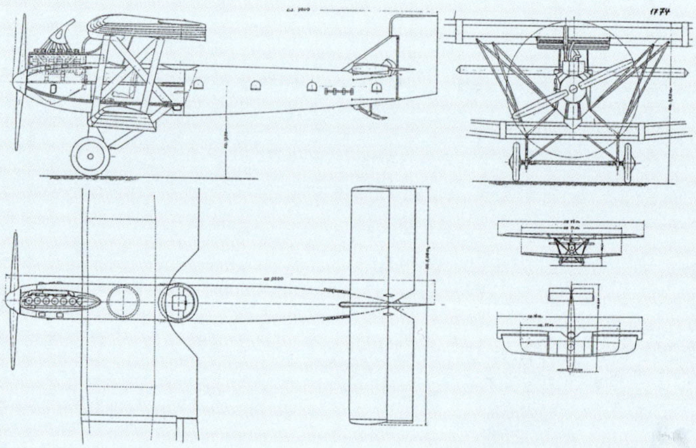

Technische Daten:

Bauweise:	Anderthalbdecker in Leichtmetallbauweise
Länge (m):	9,10
Höhe (m):	3,40
Spannweite (m):	16,00
Flügelfläche (m²):	49,90
Leergewicht (kg):	1.766
Gesamtfluggewicht (kg):	2.176
Höchstgeschwindigkeit (km/h):	155
Marschgeschwindigkeit (km/h):	140
Gipfelhöhe (m):	k.A.
Reichweite (km):	k.A.
Flugzeit (h):	2,0
Landegeschwindigkeit (km/h):	k.A.
Motor (kW/PS):	Benz Bz IV (147/200)

Besonderheiten und Leistungen:
Die Ausführung als Anderthalbdecker entstand durch Forderung der „Inspektion der Fliegertruppen", die ein geeignetes Flugzeug benötigten, das aus geringer Höhe zum Abwurf von Kleinbomben und Handgranaten geeignet war. So entstand eine Maschine unter Verwendung von Leichtmetall (Duraluminium) und einer 400 kg schweren und 5 mm starken Chromnickelstahl-Panzerwanne zum Schutz der Besatzung und des Triebwerkes gegen Beschuss. Von diesem Flugzeug wurden 227 Maschinen mit zum Teil verschiedenen Motoren gebaut. Die in Klammern gesetzte Typenbezeichnung J. 1 bezieht sich auf die Abkürzung des ursprünglich geführten Namens „Junkers-Infanterieflugzeug Nr. 1".

Junkers J 7

Baujahr: 1917
Erstflug: 17. September 1917
Verwendungszweck: Jagd-Versuchsflugzeug
Besatzung: 1
Passagiere: k.A.

Technische Daten:

Bauweise:	Ganzleichtmetall-Tiefdecker
Länge (m):	6,70
Höhe (m):	2,60
Spannweite (m):	9,00
Flügelfläche (m²):	11,70
Leergewicht (kg):	656
Gesamtfluggewicht (kg):	836
Höchstgeschwindigkeit (km/h):	205
Marschgeschwindigkeit (km/h):	185
Gipfelhöhe (m):	6.000
Reichweite (km):	k.A.
Flugzeit (h):	1,5
Landegeschwindigkeit (km/h):	80
Motor (kW/PS):	Daimler D IIIa (118/160)

Besonderheiten und Leistungen:

Mit der Konstruktion, dem Bau und der Erprobung der Junkers J 7 wurden erstmals die Vorteile und Vorzüge der Leichtmetallbauweise (Duraluminium) in all ihren Möglichkeiten im Flugzeugbau konsequent ausgenutzt. Das nur in einem Exemplar gebaute Jagd-Versuchsflugzeug repräsentiert das welterste freitragende und flugfähige Leichtmetallflugzeug in Tiefdeckerbauweise.

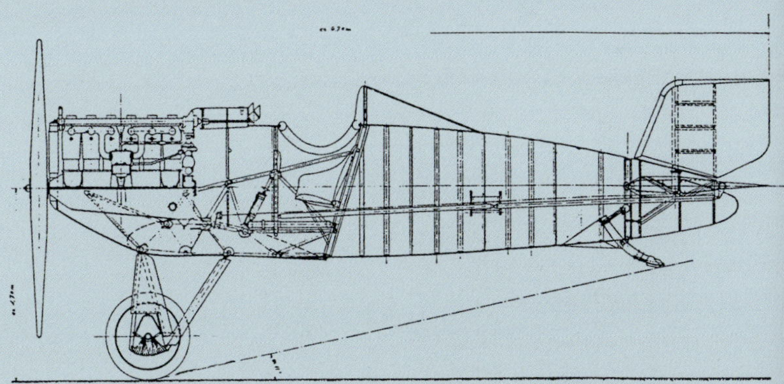

Junkers J 8

Baujahr: 1917
Erstflug: 10. Dezember 1917
Verwendungszweck: Infanterie-Versuchsflugzeug
Besatzung: 2
Passagiere: k.A.

Technische Daten:

Bauweise:	Ganzleichtmetall-Tiefdecker
Länge (m):	7,90
Höhe (m):	3,10
Spannweite (m):	12,25
Flügelfläche (m²):	23,40
Leergewicht (kg):	710
Gesamtfluggewicht (kg):	1.050
Höchstgeschwindigkeit (km/h):	180
Marschgeschwindigkeit (km/h):	160
Gipfelhöhe (m):	5.000
Reichweite (km):	640
Flugzeit (h):	3,0
Landegeschwindigkeit (km/h):	80
Motor (kW/PS):	Daimler D III (118/160)

Besonderheiten und Leistungen:
Mit dem aus der J 7 weiterentwickelten zweisitzigen Infanterie-Versuchsflugzeug beschritt Prof. Junkers erstmals den Weg der praxisbezogenen Forschungsarbeit im Flugzeugbau, wobei Werkstoffforschung und angewandtes Flugexperiment einander bedingten. Als Mehrzweck-Flugzeug konzipiert, war es für den Einsatz als Beobachtungs-, Kurier- und Schulmaschine bzw. für den Erd- und Luftkampf vorgesehen. Auf Weisung der „Inspektion der Fliegertruppen" wurde die Erprobung zugunsten der Junkers-J-10-Entwicklung aufgegeben.

Junkers J 9

Baujahr: 1918
Erstflug: April 1918
Verwendungszweck: Jagdflugzeug
Besatzung: 1
Passagiere: k.A.

Technische Daten:

Bauweise:	Ganzmetall-Tiefdecker
Länge (m):	7,25
Höhe (m):	2,60
Spannweite (m):	9,00
Flügelfläche (m²):	14,80
Leergewicht (kg):	654
Gesamtfluggewicht (kg):	834
Höchstgeschwindigkeit (km/h):	220
Marschgeschwindigkeit (km/h):	200
Gipfelhöhe (m):	6.700
Reichweite (km):	200
Flugzeit (h):	1,0
Landegeschwindigkeit (km/h):	80
Motor (kW/PS):	Daimler D IIIaü (118/160)

Besonderheiten und Leistungen:
Infolge der Materialverknappung von Duraluminium bestand die Rohrholmenkonstruktion wieder aus Stahlrohr. Bis Kriegsende wurden 47 Maschinen gebaut und ausgeliefert.
Das Flugzeug verfügte über hervorragende Flugeigenschaften, die auch Loopings zuließen. Ab Oktober 1918 mit dem BMW-IIIa-Motor ausgestattet, konnten Fluggeschwindigkeiten bis 240 km/h erzielt werden. Faktoren, die im Luftkampf von existenzieller Bedeutung sein konnten.

Junkers J 10

Baujahr: 1918
Erstflug: 4. Mai 1918
Verwendungszweck: Schlachtflugzeug
Besatzung: 2
Passagiere: k.A.

Technische Daten:

Bauweise:	Ganzleichtmetall-Tiefdecker	
	1. Version	2. Version
Länge (m):	7,90	7,90
Höhe (m):	3,10	3,10
Spannweite (m):	12,15	12,02
Flügelfläche (m^2):	23,70	23,00
Leergewicht (kg):	735	735
Gesamtfluggewicht (kg):	1.155	1.135
Höchstgeschwindigkeit (km/h):	190	190
Marschgeschwindigkeit (km/h):	175	175
Gipfelhöhe (m):	5.200	6.500
Reichweite (km):	525	525
Flugzeit (h):	3,0	3,0
Landegeschwindigkeit (km/h):	80	85
Motor (kW/PS):	Daimler D IIIaü (118/160)	BMW IIIa (136/185)

Besonderheiten und Leistungen:

Von dem Flugzeugtyp wurden 44 Maschinen in zwei Varianten gebaut, wobei bis zum Kriegsende acht Flugzeuge zur Auslieferung gelangten. Zur Erhöhung der Kampfwerteigenschaften war dieses meist im Tiefflug über dem gegnerischen Kampffeld agierende Schlachtflugzeug zweisitzig – Pilot und MG-Schütze– ausgelegt.

Junkers J 11

Baujahr: 1918
Erstflug: 23. Oktober 1918
Verwendungszweck: Wasserflugzeug zur Marineaufklärung
Besatzung: 2
Passagiere: k.A.

Technische Daten:

Bauweise:	Ganzleichtmetall-Tiefdecker
Länge (m):	8,80
Höhe (m):	3,22
Spannweite (m):	12,75
Flügelfläche (m^2):	26,60
Leergewicht (kg):	915
Gesamtfluggewicht (kg):	1.420
Höchstgeschwindigkeit (km/h):	180
Marschgeschwindigkeit (km/h):	165
Gipfelhöhe (m):	5.000
Reichweite (km):	500
Flugzeit (h):	3,0
Landegeschwindigkeit (km/h):	90
Motor (kW/PS):	Benz Bz IIIa (136/185)

Besonderheiten und Leistungen:

Bei der Junkers J 11 handelt es sich um eine modifizierte Junkers J 10, die speziell den spezifischen Erfordernissen der Marine zur Seeaufklärung angepasst wurde. Obwohl nur drei Flugzeuge des Typs zur Auslieferung gelangten, gilt die Maschine als die beste und zuverlässigste ihrer Art, die im Ersten Weltkrieg zum Einsatz kam.

Junkers J 10 (zivile Ausführung)

Baujahr: 1919
Erstflug: Januar 1919
Verwendungszweck: Passagier-/Postflugzeug
Besatzung: 1
Passagiere: 1

Technische Daten:

Bauweise:	Ganzleichtmetall-Tiefdecker
Länge (m):	7,90
Höhe (m):	3,20
Spannweite (m):	12,02
Flügelfläche (m^2):	23,00
Leergewicht (kg):	745
Gesamtfluggewicht (kg):	1.155
Höchstgeschwindigkeit (km/h):	180
Reisegeschwindigkeit (km/h):	170
Gipfelhöhe (m):	k.A.
Reichweite (km):	500
Flugzeit (h):	3,0
Landegeschwindigkeit (km/h):	80
Motor (kW/PS):	BMW IIIa (136/185)

Besonderheiten und Leistungen:

Unmittelbar nach dem Waffenstillstand am 11. November 1918 ließ Prof. Junkers die zweisitzigen Militärflugzeuge vom Typ J 10 für eine zivile Nutzung umrüsten. So entstand die überdachte Variante für einen Fluggast bzw. als Frachtraum. Die Maschine kam im Februar 1919 zur Nationalversammlung auf den Flugstrecken Dessau–Weimar und Berlin–Weimar zum Einsatz.

Mit dieser Zivilversion, die aus verkehrsflugtechnischer Sicht überaus erfolgreich war, stellte Prof. Junkers die Weichen zur friedlichen Erschließung der Luftwege. Im kombinierten Passagier- und Postflug eingesetzt, lieferte die J 10 wichtige Erfahrungen und wesentliche Erkenntnisse, die bei der Projektierung von Verkehrsflugzeugen Berücksichtigung fanden. Daher repräsentiert dieses Flugzeug nicht nur das erste Junkers-Verkehrsflugzeugmuster, sondern vorrangig den aus einem Militärflugzeug entstandenen Erprobungsträger für zivilisatorisch-wirtschaftliche Bedürfnisse. Damit verdeutlichte Prof. Junkers seine ersten Vorstellungen für eine friedliche Nutzung des Luftfahrtgedankens und schuf so wesentliche Voraussetzungen für den zivilen Luftverkehr.

Junkers F 13

Baujahr: 1919
Erstflug: 25. Juni 1919
Verwendungszweck: Verkehrsflugzeug
Besatzung: 2
Passagiere: 4

Technische Daten:

Bauweise:	Ganzleichtmetall-Tiefdecker					
Beispiele verschiedener Serienausführungen						
Baujahr:	1919	1923	1926	1928	1929	1930
Muster:	F 13	F 13da	F 13de	F 13fe	F 13he	F 13ke
Länge (m):	9,59	9,60	9,60	9,60	9,80	9,60
Höhe (m):	3,50	4,10	4,10	4,10	3,90	4,10
Spannweite (m):	14,82	17,75	17,75	17,75	17,75	17,75
Flügelfläche (m^2):	34,50	43,00	43,00	43,00	43,00	44,00
Leergewicht (kg):	951	1.170	1.225	1.350	1.200	1.560
Gesamtfluggewicht (kg):	1.640	2.000	2.000	2.000	2.500	2.700
Höchstgeschwindigkeit (km/h):	173	180	185	194	192	205
Reisegeschwindigkeit (km/h):	153	160	170	160	170	170
Gipfelhöhe (m):	4.600	4.000	5.000	5.500	4.000	4.000
Reichweite (km):	1.200	950	980	930	900	950
Landegeschwindigkeit (km/h):	90	85	85	90	95	100
Motor (kW/PS):	BMW IIIa (136/185)	Junkers L5 (195/265)	Junkers L5 (228/310)	Junkers L5 (228/310)	Junkers L5 (228/310)	Junkers L5 (228/310)

Besonderheiten und Leistungen:

Die Junkers F 13 repräsentiert das erste freitragende Ganzmetall-Kabinen-Verkehrsflugzeug der Welt, das in Tiefdecker- und Leichtbauweise entstand. Am 13. September 1919 stellten acht Personen (Brandenburg, Duckstein, Erfurth, Gsell, Madelung, Müller mit den Werkpiloten Monz und Schmitz) mit der F 13 einen Höhenweltrekord von 6.750 Metern auf. Mit 322 gebauten Exemplaren flog dieser Flugzeugtyp weltweit in nahezu allen Ländern und verhalf dem Junkers-Flugzeugbau binnen kurzer Zeit zu hohem internationalem Ansehen. Im Interesse der ständigen Verbesserung der Flugeigenschaften, des Komforts und vor allem der Sicherheit erfolgten im Laufe der Zeit an dem Flugzeug über 300 verschiedene technische Veränderungen, die sich auch auf das Gewicht, die Flächenleistung, Nutzlast, Steigvermögen und Reichweite auswirkten, sodass die F 13 zwischen 1919 und 1930 konsequenterweise in 15 verschiedenen Versionen zur Ausführung kam. Dazu gehörten auch die speziell für die USA und die Sowjetunion gefertigten Varianten.

In Fili bei Moskau umgerüstete Junkers F 13

Unter dem Namen JL 6 flog die Junkers F 13 in den USA.

Junkers F 13 (USA: JL 6)

Baujahr: 1919/20
Erstflug: k.A.
Verwendungszweck: Verkehrsflugzeug
Besatzung: 2
Passagiere: 4

Technische Daten:

Bauweise:	Ganzleichtmetall-Tiefdecker
Länge (m):	9,60
Höhe (m):	4,10
Spannweite (m):	17,75
Flügelfläche (m^2):	43,00
Leergewicht (kg):	1.160
Gesamtfluggewicht (kg):	1.815
Höchstgeschwindigkeit (km/h):	170
Reisegeschwindigkeit (km/h):	140
Gipfelhöhe (m):	4.300
Reichweite (km):	1.200
Landegeschwindigkeit (km/h):	90
Motor (kW/PS):	Daimler D IIIa (118/160)

Besonderheiten und Leistungen:

Unter der Typenbezeichnung JL 6, Abkürzung für Junkers-Larsen 6-Personen-Flugzeug, brachte der amerikanische Unternehmer John M. Larsen ab Dezember 1919 mehrere Junkers F 13 auf den US-Markt. Von den 28 gelieferten Flugzeugen flogen verschiedene Maschinen 1920 mehrere spektakuläre Rekorde und förderten dadurch den Bekanntheitsgrad und die Wirtschaftlichkeit der Junkers-Werke.

In Managermanier gelingt es Larsen, ein Mechanikermeister dänischer Abstammung, die F 13 für den US-Luftverkehr interessant zu machen. Doch die zwischenzeitlich durch den Versailler Vertrag festgelegten Bestimmungen verhinderten ab Oktober 1920 weitere Lieferungen. Bereits für den Schiffstransport eingelagerte Flugzeuge werden durch alliierte Behördern beschlagnahmt und teilweise konfisziert. Erst die sogenannten Londoner Begriffsbestimmungen bringen ab dem 5. Mai 1921 Erleichterungen für die deutsche Luftfahrt.

Für die US Army begann Larsen 1921 JL-6-Maschinen unter der Typenbezeichnung JL 12 umzurüsten. Mit zwölf Maschinengewehrständen versehen, sollte das Flugzeug militärisch als „Fliegende Festung" eingesetzt werden. Darauf kam es zwischen Junkers und Larsen zu ernsten Meinungsverschiedenheiten, sodass die vertraglichen Vereinbarungen gelöst wurden.

Junkers F 13 (UdSSR: Ju 13)

Baujahr: 1923/24
Erstflug: k.A.
Verwendungszweck: Mehrzweckflugzeug
Besatzung: 2
Passagiere: 4

Technische Daten:

Bauweise:	Ganzleichtmetall-Tiefdecker
Länge (m):	9,60
Höhe (m):	4,10
Spannweite (m):	17,75
Flügelfläche (m^2):	43,00
Leergewicht (kg):	1.170
Gesamtfluggewicht (kg):	2.000
Höchstgeschwindigkeit (km/h):	180
Reisegeschwindigkeit (km/h):	160
Gipfelhöhe (m):	4.000
Reichweite (km):	950
Landegeschwindigkeit (km/h):	85
Motor (kW/PS):	Junkers L 2 (195/265)

Besonderheiten und Leistungen:

Diese für die Sowjetunion (SU) gelieferten und im Zeitraum 1923/24 im Zweigwerk Fili bei Moskau montierten Junkers F 13 liefen unter der Typenbezeichnung Ju 13. Unter der Anleitung deutscher Flugzeugbauer und Piloten entstanden in der SU innerhalb kürzester Zeit Fluggesellschaften und Fluglinien. Gleichzeitig erfolgte die Ausbildung von geeignetem Fachpersonal zur Schaffung einer eigenen Flugzeugindustrie. So entstand in Fili auch eine Militärversion der F 13 unter dem Namen Ju 13, die u.a. nach Persien verkauft wurde.

Bei dieser Version, siehe S. 107 obere Abb., befand sich auf dem Rumpfdach eine Abdeckhaube, die als Beobachtungsstand diente bzw. auf der ein MG-Stand montiert werden konnte. Vorrangig diente die Ju 13 als Verkehrsflugzeug, da die Infrastruktur, insbesondere das Straßen- und Eisenbahnnetz, sich noch im Ausbau befand. So konnten weite, schlecht erschlossene Gebiete schnell erreicht werden. Aber auch als Kurier- und Aufklärungsflugzeug kam die Maschine zum Einsatz. Aufgrund ihrer soliden Bauweise, mit der eine gewisse Robustheit einherging, und der einfachen Wartung schien die Ju 13 für die Bedingungen in der Sowjetunion geradezu prädestiniert zu sein.

Junkers K 16

Junkers J 15

Baujahr: 1920
Erstflug: 25. Januar 1921
Verwendungszweck: Versuchsflugzeug
Besatzung: 1
Passagiere: 2

Technische Daten:

Bauweise:	Ganzleichtmetall-Schulterdecker
Länge (m):	8,00
Höhe (m):	2,75
Spannweite (m):	11,00
Flügelfläche (m²):	15,20
Leergewicht (kg):	430
Gesamtfluggewicht (kg):	712
Höchstgeschwindigkeit (km/h):	145
Reisegeschwindigkeit (km/h):	138
Gipfelhöhe (m):	k.A.
Reichweite (km):	k.A.
Landegeschwindigkeit (km/h):	k.A.
Motor (kW/PS):	Daimler D IIIa (118/160)

Besonderheiten und Leistungen:

Das Versuchsprojekt geht auf Versuche von Philipp von Doepp zurück, der bereits 1917 im Windkanal nachweisen konnte, dass bei großen Anstellwinkeln und hohem Auftrieb (Start- und Landephase eines Flugzeuges) ein Hoch- bzw. Schulterdecker eine bessere Aerodynamik aufweist. Mit der Junkers J 15 konnten diese Erkenntnisse nun systematischer und vor allem praxisbezogen erprobt werden.

Junkers K 16

Baujahr: 1921
Erstflug: 3. März 1921
Verwendungszweck: Reiseflugzeug
Besatzung: 1
Passagiere: 2

Technische Daten:

Bauweise:	Ganzleichtmetall-Schulterdecker	
Baujahr:	1921	1924
Länge (m):	8,00	8,00
Höhe (m):	2,75	2,75
Spannweite (m):	11,00	12,80
Flügelfläche (m²):	16,50	19,00
Leergewicht (kg):	430	535
Gesamtfluggewicht (kg):	712	850
Höchstgeschwindigkeit (km/h):	145	170
Reisegeschwindigkeit (km/h):	120	140
Gipfelhöhe (m):	3.000	2.500
Reichweite (km):	600	600
Landegeschwindigkeit (km/h):	90	90
Motor (kW/PS):	Siemens Sh 4 (46/62)	Siemens Sh 5 (62/85)

Besonderheiten und Leistungen:

In Auswertung der Junkers J-15-Flugversuche entstand das kleine zweisitzige Kabinenflugzeug K 16 für Geschäftsreisende, von dem 13 Maschinen verkauft werden. Die Inflation und die wirtschaftliche Situation verunsichern die wenigen potenziellen Käufer. Der Preis liegt bei 27.000 RM in Gold. Beim Deutschen Rundflug 1925 schneiden zwei Maschinen erfolgreich ab und werden auf mehreren internationalen technischen Messen präsentiert.

Junkers T 19

Baujahr: 1922
Erstflug: 14. Juli 1922
Verwendungszweck: Schul-, Sport- und Reiseflugzeug
Besatzung: 1
Passagiere: 2

Technische Daten:

Bauweise:	Ganzleichtmetall-Hochdecker
Länge (m):	6,85
Höhe (m):	2,75
Spannweite (m):	11,25
Flügelfläche (m^2):	19,00
Leergewicht (kg):	515
Gesamtfluggewicht (kg):	750
Höchstgeschwindigkeit (km/h):	115
Reisegeschwindigkeit (km/h):	110
Gipfelhöhe (m):	3.000
Reichweite (km):	330
Landegeschwindigkeit (km/h):	75
Motor (kW/PS):	Siemens Sh4 (45/62)

Besonderheiten und Leistungen:
Als Versuchsflugzeug eingesetzt, diente die Maschine vorrangig zur Flugerprobung von verschiedenen Motoren und ihrem Zubehör. Konstruktiv interessant war der dreigeteilte Tragflügel des Hochdeckers, der einen unkomplizierten Landtransport ermöglichte. Am internationalen Flugwettbewerb in Gotenburg (Göteborg), an dem zwei Maschinen teilnahmen, belegte eine Junkers T 19 den dritten Platz.

Junkers A 20

Baujahr: 1923
Erstflug: 6. April 1923
Verwendungszweck: Mehrzweckflugzeug
Besatzung: 1
Passagiere: 1

Technische Daten:

Bauweise:	Ganzleichtmetall-Tiefdecker
Länge (m):	8,30
Höhe (m):	2,95
Spannweite (m):	15,35
Flügelfläche (m^2):	28,10
Leergewicht (kg):	970
Gesamtfluggewicht (kg):	1.500
Höchstgeschwindigkeit (km/h):	180
Reisegeschwindigkeit (km/h):	160
Gipfelhöhe (m):	5.000
Reichweite (km):	1.000
Landegeschwindigkeit (km/h):	95
Motor (kW/PS):	BMW IIIa (136/185)

Besonderheiten und Leistungen:
Das Fahrgestell konnte als Schwimmer- oder Schneekufenvariante umgerüstet werden. Im Junkers-Luftverkehr flog die A 20 speziell auf der Nachtflugpostlinie Berlin–Warnemünde–Stockholm. Vorrangig kam die Maschine als Kurier-, Post-, Schul- und Sportflugzeug zum Einsatz, wurde aber auch für Aufklärungsflüge und als Küstenüberwachung genutzt. Flugzeuge vom Typ A 20 flogen in Chile, China, Finnland, Jemen, Österreich, Persien, Spanien, der Sowjetunion und der Türkei.

Junkers R 02 bzw. Ju 20

Baujahr: 1925
Erstflug: k.A.
Verwendungszweck: Aufklärungsflugzeug
Besatzung: 2
Passagiere: k.A.

Technische Daten:

Bauweise:	Ganzleichtmetall-Tiefdecker
Länge (m):	8,30
Höhe (m):	2,95
Spannweite (m):	15,27
Flügelfläche (m²):	28,30
Leergewicht (kg):	940
Gesamtfluggewicht (kg):	1.500
Höchstgeschwindigkeit (km/h):	170
Marschgeschwindigkeit (km/h):	150
Gipfelhöhe (m):	3.500
Reichweite (km):	1.000
Landegeschwindigkeit (km/h):	95
Motor (kW/PS):	Daimler D IIIa (118/160)

Besonderheiten und Leistungen:
Bei der Junkers R 02 handelt es sich um die militärische Version der A 20, die im schwedischen Limhamn (Malmö) und im Junkers-Werk Fili bei Moskau mit der Bezeichnung Ju 20 umgebaut bzw. nachgerüstet wurde. Vorrangig kam diese zweisitzige Maschine zur Grenzüberwachung bzw. für Auflärungsflüge in schlecht zugänglichen Gebieten wie im Gebirge, in Sumpf-, Fluss- und Küstengebieten, aber auch in der wüstenähnlichen Tundra zum Einsatz. Auch für die geologische Erkundung war das Flugzeug ausgezeichnet geeignet.

Junkers J 21 bzw. T 21

Baujahr: 1923
Erstflug: 12. Juni 1923
Verwendungszweck: Aufklärungsflugzeug
Besatzung: 2
Passagiere: k.A.

Technische Daten:

Bauweise:	Ganzleichtmetall-Hochdecker	
Bautyp:	J 21	T 21
Länge (m):	7,90	6,70
Höhe (m):	2,50	2,50
Spannweite (m):	10,70	10,77
Flügelfläche (m²):	15,00	15,00
Leergewicht (kg):	830	710
Gesamtfluggewicht (kg):	1.255	990
Höchstgeschwindigkeit (km/h):	217	220
Marschgeschwindigkeit (km/h):	150	205
Gipfelhöhe (m):	6.500	5.600
Reichweite (km):	750	800
Landegeschwindigkeit (km/h):	95	90
Motor (kW/PS):	BMW IIIa (136/185)	BMW IIIa (136/185)

Besonderheiten und Leistungen:
Aus der Weiterentwicklung der Junkers T 19 entstand die Junkers J 21 bzw. T 21, die sich gegenüber der T 19 durch eine stabilere Konstruktion und technische Verbesserungen auszeichnete. Bei Gefahr konnten die seitlich am Rumpf befindlichen Kraftstofftanks abgeworfen werden. Bei der Flugerprobung kamen verschiedene Motoren zum Einsatz. Für die in Fili bei Moskau laufende Lizenzfertigung wurde die Typenbezeichnung H 21 gewählt. Doch die Sowjetunion verwendete bei der Auslieferung an die Rote Armee entgegen der Vereinbarung die Bezeichnung Ju 21. Neben der Luftaufklärung wurde die Maschine auch im zivilen Bereich der Luftbildfotografie eingesetzt.

Junkers T 22

Baujahr: 1923
Erstflug: 19. November 1923
Verwendungszweck: Versuchsflugzeug
Besatzung: 1
Passagiere: k.A.

Technische Daten:

Bauweise:	Ganzleichtmetall-Schulterdecker
Länge (m):	6,60
Höhe (m):	2,70
Spannweite (m):	10,00
Flügelfläche (m^2):	15,00
Leergewicht (kg):	710
Gesamtfluggewicht (kg):	970
Höchstgeschwindigkeit (km/h):	220
Marschgeschwindigkeit (km/h):	180
Gipfelhöhe (m):	7.500
Reichweite (km):	450
Landegeschwindigkeit (km/h):	85
Motor (kW/PS):	BMW IIIa (136/185)

Besonderheiten und Leistungen:
Das Versuchsflugzeug Junkers T 22 war eine modifizierte T 21, deren Konstruktionszeichnungen auch auf die Bezeichnung J 22 lauten. Als Jagdeinsitzer unter der Lizenzbezeichnung H 22 konzipiert, sollte die Maschine im Junkers-Flugzeugwerk Fili bei Moskau in Serie für die sowjetischen Fliegerstreitkräfte gebaut werden. Der Flugzeugtyp kam nicht aus seiner Erprobung heraus.

Junkers T 23

Baujahr: 1923
Erstflug: 29. März 1923
Verwendungszweck: Schul- und Sportflugzeug
Besatzung: 1
Passagiere: 1

Technische Daten:

Bauweise:	Ganzleichtmetall-Ein- und Doppeldecker	
Bautyp:	T 23 E	T 23 D
Länge (m):	7,26	7,26
Höhe (m):	3,02	3,02
Spannweite (m):	13,15	13,15
Flügelfläche (m^2):	21,20	33,20
Leergewicht (kg):	515	590
Gesamtfluggewicht (kg):	765	820
Höchstgeschwindigkeit (km/h):	140	125
Reisegeschwindigkeit (km/h):	118	100
Gipfelhöhe (m):	3.000	2.500
Reichweite (km):	180	180
Landegeschwindigkeit (km/h):	80	66
Motor (kW/PS):	Le Rhone (59/80)	Le Rhone (59/80)

Besonderheiten und Leistungen:
Mit der Junkers T 23 in den Varianten E = Eindecker und D = Doppeldecker entstand ein Flugzeugmuster, das speziell für die Ausbildung und das Training im Schul- und Sportflug vorgesehen war. Eine Umrüstung der Maschinen erfolgte später auch auf andere Flugmotore wie z.B. den Junkers L 1.

Junkers G 23

Baujahr: 1924
Erstflug: 19. September 1924
Verwendungszweck: Verkehrsflugzeug
Besatzung: 2
Passagiere: 9

Technische Daten:

Bauweise:	Dreimotoriger Ganzleichtmetall-Tiefdecker
Länge (m):	15,25
Höhe (m):	5,40
Spannweite (m):	28,50
Flügelfläche (m^2):	89,00
Leergewicht (kg):	2.825
Gesamtfluggewicht (kg):	3.372
Höchstgeschwindigkeit (km/h):	170
Reisegeschwindigkeit (km/h):	160
Gipfelhöhe (m):	3.300
Reichweite (km):	1.050
Landegeschwindigkeit (km/h):	75
Motor (kW/PS): 1 Junkers L 2 und 2 Daimler D IIIa (Gesamtleistung: 378/515)	

Besonderheiten und Leistungen:
Durch die Bestimmungen des Versailler Vertrages lehnte die „Interalliierte Luftfahrt-Überwachungskommission" die Zulassung des Flugzeuges mit ursprünglich drei Junkers L-2-Motoren (429 kW/515 PS) ab. Daher erfolgte eine leistungsschwächere Motorenauslegung. Die Junkers G 23 repräsentiert den Übergang auf größere mehrmotorige Flugzeuge und steht für das Bestreben von Prof. Junkers, den zivilen Flugverkehr qualitativ und wirtschaftlich auf ein höheres Niveau zu heben.

Junkers G 24

Baujahr: 1925
Erstflug: Juli 1925
Verwendungszweck: Verkehrsflugzeug
Besatzung: 2
Passagiere: 9 bzw. 14

Technische Daten:

Bauweise:	Dreimotoriger Ganzleichtmetall-Tiefdecker		
Beispiele verschiedener Serienausführungen			
Baujahr:	1925	1929	1929
Bautyp:	G 24 ba	G 24 he	G 24 L
Länge (m):	15,25	15,80	15,25
Höhe (m):	5,50	5,80	5,50
Spannweite (m):	28,50	29,37	28,50
Flügelfläche (m^2):	89,00	101,00	89,00
Leergewicht (kg):	3.800	4.330	4.700
Gesamtfluggewicht (kg):	6.000	7.200	6.500
Höchstgeschwindigkeit (km/h):	175	210	210
Reisegeschwindigkeit (km/h):	150	175	170
Gipfelhöhe (m):	3.300	4.000	3.000
Reichweite (km):	1.050	1.050	680
Landegeschwindigkeit (km/h):	105	105	105
Motor (kW/PS):	3x Junkers L 2a (585/795)	3x Junkers L 5 (684/930)	3x Junkers L 5G (937/1.275)

Besonderheiten und Leistungen:
Die als Junkers G 23 in Dessau gebauten Passagierflugzeuge wurden im südschwedischen Limhamn (Malmö) mit leistungsstärkeren Motoren ausgerüstet und kamen unter schwedischer Kennung als Junkers G 24 nach Deutschland in den Flugliniendienst zurück.

Junkers F 24

Baujahr: 1928
Erstflug: k.A.
Verwendungszweck: Frachtflugzeug
Besatzung: 2
Passagiere: k.A.

Technische Daten:

Bauweise:	Ganzleichtmetall-Tiefdecker
Länge (m):	15,25
Höhe (m):	5,50
Spannweite (m):	25,90
Flügelfläche (m²):	79,20
Leergewicht (kg):	3.410
Gesamtfluggewicht (kg):	4.600
Höchstgeschwindigkeit (km/h):	198
Reisegeschwindigkeit (km/h):	165
Gipfelhöhe (m):	4.000
Reichweite (km):	660
Landegeschwindigkeit (km/h):	110
Motor (kW/PS):	BMW VIu (507/690)

Besonderheiten und Leistungen:

1928 erfolgt der Umbau mehrerer Junkers G 24 zu einmotorigen F-24-Maschinen, die bei der Deutschen Luft Hansa AG im Frachtflug zum Einsatz kommen. Ein Jahr später wird eine weitere Maschine mit einem Jumo-4-Schwerölmotor ausgerüstet. Das Versuchsflugzeug dient der praktischen Erprobung und Weiterentwicklung der Junkers-Schwerölmotoren.

Junkers A 25

Baujahr: 1925/26
Erstflug: k.A.
Verwendungszweck: Mehrzweckflugzeug
Besatzung: 1
Passagiere: 1

Technische Daten:

Bauweise:	Ganzleichtmetall-Tiefdecker
Länge (m):	8,35
Höhe (m):	3,05
Spannweite (m):	15,35
Flügelfläche (m^2):	28,10
Leergewicht (kg):	1.025
Gesamtfluggewicht (kg):	1.600
Höchstgeschwindigkeit (km/h):	190
Reisegeschwindigkeit (km/h):	175
Gipfelhöhe (m):	4.000
Reichweite (km):	1.250
Landegeschwindigkeit (km/h):	95
Motor (kW/PS):	Junkers L 2 (143/195)

Besonderheiten und Leistungen:
Durch Umrüstung von Junkers-A-20-Maschinen mit einem leistungsstärkeren Motor vom Typ Junkers L 2 entstand die Junkers A 25, die in Schweden und speziell in der Sowjetunion zum Einsatz kam. Aufgrund seiner extremen Witterungsbeständigkeit bewährte sich das Flugzeug besonders in schneereichen Gebieten und im Polarkreis.

Junkers T 26

Baujahr: 1925
Erstflug: September 1925
Verwendungszweck: Schulflugzeug
Besatzung: 1
Passagiere: 1

Technische Daten:

Bauweise:	Ganzleichtmetall-Hochdecker	
Bautyp:	T 26 E	T 26D
Länge (m):	7,54	7,54
Höhe (m):	2,73	2,73
Spannweite (m):	13,50	13,15
Flügelfläche (m^2):	21,50	33,20
Leergewicht (kg):	500	575
Gesamtfluggewicht (kg):	730	805
Höchstgeschwindigkeit (km/h):	130	115
Reisegeschwindigkeit (km/h):	115	100
Gipfelhöhe (m):	2.300	2.500
Reichweite (km):	345	300
Landegeschwindigkeit (km/h):	80	60
Motor (kW/PS):	Junkers L 1a (62/85)	Junkers L 1a (62/85)

Besonderheiten und Leistungen:
Die Junkers T 26 setzte die Entwicklungsreihe der Schul- und Sportmaschinen in Hochdeckerbauweise fort. Eine Besonderheit bestand in der Umrüstung der Tragflächen, die den Hochdecker innerhalb von 15 Minuten in einen Doppeldecker umbauen konnten. Der Flugzeugtyp nahm mit Erfolg an einer Reihe von Flugwettbewerben teil.

Junkers T 27

Baujahr: 1925
Erstflug: k.A.
Verwendungszweck: Versuchsflugzeug
Besatzung: 1
Passagiere: 1

Technische Daten:

Bauweise:	Ganzleichtmetall-Hochdecker
Länge (m):	7,54
Höhe (m):	2,72
Spannweite (m):	13,50
Flügelfläche (m^2):	21,50
Leergewicht (kg):	550
Gesamtfluggewicht (kg):	780
Höchstgeschwindigkeit (km/h):	150
Reisegeschwindigkeit (km/h):	140
Gipfelhöhe (m):	k.A.
Reichweite (km):	430
Landegeschwindigkeit (km/h):	75
Motor (kW/PS):	Clerget 9 Z (80/110)

Besonderheiten und Leistungen:
Durch motorseitige Umrüstung einer Junkers T 26 entstand die werksintern registrierte T 27 als Versuchsträger zur praktischen Flugerprobung. Zum Einsatz kam wieder ein dreigeteilter Tragflügel, an dem – sozusagen als praxisbezogener, fliegender Prüfstand – verschiedene aerodynamische Tests und Versuche unter direkter Beobachtung durchgeführt wurden. Es war der letzte Junkers-Flugzeugtyp, der in einer Hochdeckerbauweise zur Ausführung kam.

Junkers T 29

Baujahr: 1925
Erstflug: März 1925
Verwendungszweck: Schul- und Sportflugzeug
Besatzung: 1
Passagiere: 1

Technische Daten:

Bauweise:	Ganzleichtmetall-Tiefdecker
Länge (m):	7,00
Höhe (m):	2,30
Spannweite (m):	11,00
Flügelfläche (m^2):	15,65
Leergewicht (kg):	490
Gesamtfluggewicht (kg):	750
Höchstgeschwindigkeit (km/h):	140
Reisegeschwindigkeit (km/h):	130
Gipfelhöhe (m):	2.500
Reichweite (km):	470
Landegeschwindigkeit (km/h):	70
Motor (kW/PS):	Junkers L 1a (59/80)

Besonderheiten und Leistungen:
Aufgrund des stark ausgebildeten Überschlagbügels erhielt die Junkers T 29 den Spitznamen „Das fliegende Bügeleisen". Als wichtigste Neuerung ist das Anbringen des sogenannten Junkers-Hilfsflügels an der Hinterkante der Tragfläche an der T 29 zu werten. Dadurch erhielt die Maschine einen zusätzlichen Auftrieb und verhinderte das Abreißen der Strömung bei stark angestelltem Flügel. Die ästhetisch wie auch aerodynamisch ansprechende Maschine erhielt bei Flugwettbewerben mehrere Preise.

Junkers K 30

Baujahr: 1926
Erstflug: k.A.
Verwendungszweck: Bombenflugzeug
Besatzung: 4
Passagiere: k.A.

Technische Daten:

Bauweise:	Dreimotoriger Ganzleichtmetall-Tiefdecker
Länge (m):	15,30
Höhe (m):	4,30
Spannweite (m):	29,50
Flügelfläche (m^2):	94,60
Leergewicht (kg):	3.784
Gesamtfluggewicht (kg):	6.230
Höchstgeschwindigkeit (km/h):	175
Marschgeschwindigkeit (km/h):	150
Gipfelhöhe (m):	3.200
Reichweite (km):	1.000
Landegeschwindigkeit (km/h):	110
Motor (kW/PS):	3x Junkers L 5 (gesamt 660/900)

Besonderheiten und Leistungen:
Im Zuge der Umrüstung der Junkers G 23 zur G 24 entstand 1926 im Auftrag der Reichswehr im südschwedischen Limhamn (Malmö) aus der G 23 eine Bomberversion, die K 30. Mit zwei MG-Drehkränzen und Bombenabwurfvorrichtungen versehen, war die Maschine u.a. für den Nachtflug vorgesehen. Lieferungen der K 30 gingen nach Chile, Jugoslawien, Spanien und in die Sowjetunion. Im Junkers-Flugzeugwerk Fili bei Moskau wurden die für die SU gelieferten K-30-Maschinen nach Kriterien der Roten Armee bewaffnet und den sowjetischen Fliegerverbänden unter den Bezeichnungen Junkers R 42 bzw. JuG 1 zugeordnet.

Junkers G 31

Baujahr: 1926
Erstflug: 13. September 1926
Verwendungszweck: Verkehrsflugzeug
Besatzung: 4
Passagiere: 15

Technische Daten:

Bauweise:	Dreimotoriger Ganzleichtmetall-Tiefdecker
Länge (m):	16,50
Höhe (m):	6,00
Spannweite (m):	30,50
Flügelfläche (m^2):	102,00
Leergewicht (kg):	5.250
Gesamtfluggewicht (kg):	8.500
Höchstgeschwindigkeit (km/h):	210
Reisegeschwindigkeit (km/h):	170
Gipfelhöhe (m):	4.400
Reichweite (km):	850
Landegeschwindigkeit (km/h):	113
Motor (kW/PS):	3x BMW Hornet (gesamt: 1.157/1.575)

Besonderheiten und Leistungen:
Mit der Entwicklung und dem Bau der Junkers G 31 setzt Prof. Hugo Junkers konsequent seine Strategie der dreimotorigen Verkehrsflugzeuge fort. Die Deutsche Luft Hansa AG stellt im Februar 1928 ihre erste G 31 in den Liniendienst und macht diesen Flugzeugtyp aufgrund seiner komfortablen Ausstattung und seinem exzellenten Service als „fliegenden Speisesalon" international bekannt. Als Transportflugzeug kommt die G 31 erfolgreich in Australien und Neuguinea zum Einsatz.

Junkers A 32

Baujahr: 1926
Erstflug: k.A.
Verwendungszweck: Mehrzweckflugzeug
Besatzung: 1
Passagiere: 2

Technische Daten:

Bauweise:	Ganzleichtmetall-Tiefdecker
Länge (m):	11,10
Höhe (m):	3,40
Spannweite (m):	17,80
Flügelfläche (m²):	41,00
Leergewicht (kg):	1.860
Gesamtfluggewicht (kg):	2.725
Höchstgeschwindigkeit (km/h):	220
Reisegeschwindigkeit (km/h):	185
Gipfelhöhe (m):	6.000
Reichweite (km):	560
Landegeschwindigkeit (km/h):	98
Motor (kW/PS):	BMW VI (440/600)

Besonderheiten und Leistungen:
Mit einer Geschwindigkeit von 220 km/h zählte die Junkers A 32 zu den schnellsten einmotorigen Kleinflugzeugen ihrer Zeit. Obwohl als „Post-, Kurier- und Luftbildvermessungsflugzeug" in einer Reklameschrift angeboten, bauten die Junkers-Werke nur zwei Maschinen von diesem Typ.

Junkers W 33

Baujahr: 1926
Erstflug: 17. Juni 1926
Verwendungszweck: Mehrzweckflugzeug
Besatzung: 2
Passagiere: k.A.

Technische Daten:

Bauweise:	Ganzleichtmetall-Tiefdecker		
Bautyp:	J 33 L	W 33b Bremen	W 33f
Baujahr:	1926	1927	1929
Länge (m):	10,50	10,90	10,90
Höhe (m):	2,90	3,50	3,50
Spannweite (m):	17,75	17,70	17,70
Flügelfläche (m²):	43,00	43,00	43,00
Leergewicht (kg):	1.200	1.400	1.400
Gesamtfluggewicht (kg):	2.100	3.815	2.660
Höchstgeschwindigkeit (km/h):	197	160	180
Reisegeschwindigkeit (km/h):	150	150	155
Gipfelhöhe (m):	5.800	k.A.	3.500
Reichweite (km):	800	5.400	800
Landegeschwindigkeit (km/h):	104	104	104
Motor (kW/PS):	Junkers L 5 (280/310)	Junkers L 5 (265/360)	Junkers L 5 (228/310)

Besonderheiten und Leistungen:
Als „Atlantik-Flugzeug" ist die W 33 in die Luftfahrtgeschichte eingegangen. Die Maschine war eine Weiterentwicklung der F 13. Am 12. April 1928 flog eine umgerüstete Version – die „Bremen" – erstmals nonstop von Europa über den Atlantik. Spektakulär gestaltete sich der Pionierflug einer W 33 von Berlin nach Tokio, bei dem eine Flugstrecke von 14.250 km zurückgelegt wurde. Die W 33 errang viele Weltrekorde.

Junkers W 34

Baujahr: 1926
Erstflug: 7. Juli 1926
Verwendungszweck: Mehrzweckflugzeug
Besatzung: 2
Passagiere: k.A.

Technische Daten:

Bauweise:	Ganzleichtmetall-Tiefdecker
Länge (m):	10,27
Höhe (m):	3,53
Spannweite (m):	18,48
Flügelfläche (m²):	44,00
Leergewicht (kg):	1.730
Gesamtfluggewicht (kg):	3.200
Höchstgeschwindigkeit (km/h):	265
Reisegeschwindigkeit (km/h):	230
Gipfelhöhe (m):	6.300
Reichweite (km):	920
Landegeschwindigkeit (km/h):	116
Motor (kW/PS):	BMW 132 A/E (485/660)
	Gnome et Rhone „Jupiter IV" (310/420)

Besonderheiten und Leistungen:

Anstelle eines Reihenmotors wie bei der Junkers W 33, war die Junkers W 34 mit einem luftgekühlten Sternmotor ausgerüstet. Die W 34 flog erfolgreich als Land- bzw. Wasserflugvariante in unterschiedlicher Innenausstattung, entsprechend ihres Einsatzgebietes als Expeditions-, Fracht-, Landwirtschafts-, Passagier-, Post- oder Sanitätsflugzeug in 15 Ländern auf allen Kontinenten.

Junkers A 35

Baujahr: 1926
Erstflug: k.A.
Verwendungszweck: Mehrzweckflugzeug
Besatzung: 1
Passagiere: 1

Technische Daten:

Bauweise:	Ganzleichtmetall-Tiefdecker
Länge (m):	8,20
Höhe (m):	3,50
Spannweite (m):	15,95
Flügelfläche (m²):	29,75
Leergewicht (kg):	1.111
Gesamtfluggewicht (kg):	1.600
Höchstgeschwindigkeit (km/h):	206
Reisegeschwindigkeit (km/h):	170
Gipfelhöhe (m):	6.300
Reichweite (km):	580
Landegeschwindigkeit (km/h):	102
Motor (kW/PS):	Junkers L 5 (228/310)

Besonderheiten und Leistungen:

Die Junkers A 35 repräsentiert die konsequente Weiterentwicklung der Entwicklungsreihe der Junkers-Kleinflugzeuge, die sich bis zur Junkers J 10 von 1918 zurückverfolgen lässt. Neben seinem Einsatz als Transport- und Schulflugzeug diente dieser Flugzeugtyp auch als Versuchsträger bei der Entwicklung und Erprobung neuer Flugzeugteile und Luftfahrt-Messgeräte. In Kombination mit einer Junkers G 24 erfolgten mit der A 35 auch Schlepp-Flugversuche.

Junkers S 36

Baujahr: 1927
Erstflug: 5. September 1927
Verwendungszweck: Versuchsflugzeug
Besatzung: 3
Passagiere: k.A.

Technische Daten:

Bauweise:	Zweimotoriger Ganzleichtmetall-Tiefdecker
Länge (m):	11,40
Höhe (m):	4,60
Spannweite (m):	20,14
Flügelfläche (m²):	54,00
Leergewicht (kg):	2.600
Gesamtfluggewicht (kg):	4.300
Höchstgeschwindigkeit (km/h):	245
Reisegeschwindigkeit (km/h):	220
Gipfelhöhe (m):	6.000
Reichweite (km):	850
Landegeschwindigkeit (km/h):	118
Motor (kW/PS):	2x Gnome et Rhone „Jupiter VI“ (gesamt: 706/960)

Besonderheiten und Leistungen:
Der zweimotorige Versuchsträger, der erste seiner Art bei Junkers, diente vorrangig aerodynamischen Untersuchungen und konstruktiven Veränderungen an Rumpf und Tragfläche. Rumpf- und Flügelnase waren mit Glattblech beplankt. Nach Abschluss der Flugerprobungen erfolgte 1927 die Überführung der Junkers S 36 nach dem Flugzeugwerk in Limhamn (Malmö).

Junkers K 37 bzw. Ki 1

Baujahr: 1927/1928
Erstflug: k.A.
Verwendungszweck: Kampfflugzeug
Besatzung: 3
Passagiere: k.A.

Technische Daten:

Bauweise:	Zweimotoriger Ganzleichtmetall-Tiefdecker
Länge (m):	11,40
Höhe (m):	4,50
Spannweite (m):	20,14
Flügelfläche (m²):	54,50
Leergewicht (kg):	2.600
Gesamtfluggewicht (kg):	4.300
Höchstgeschwindigkeit (km/h):	245
Marschgeschwindigkeit (km/h):	220
Gipfelhöhe (m):	6.800
Reichweite (km):	880
Landegeschwindigkeit (km/h):	118
Motor (kW/PS):	2x Siemens „Jupiter VII“ mit Lader (gesamt: 880/1.200)

Besonderheiten und Leistungen:
Mit vier Maschinengewehren bestückt und Bombenabwurfvorrichtungen versehen für eine Gesamtbombenlast bis 500 kg, entstand aus der zivilen Junkers S 36 das Kampfflugzeug und leichter Bomber K 37. Das japanische Flugzeugunternehmen „Mitsubishi Nainenki Kabushiki Kaisha“ erwarb für die Junkers K 37 die Nachbaulizenz und baute von 1932 bis 1935 Maschinen dieses Typs in größeren Stückzahlen unter der Bezeichnung Ki 1 und 1936 eine verbesserte Variante als Ki 2.

Junkers G 38

Baujahr: 1929
Erstflug: 6. November 1929
Verwendungszweck: Verkehrsflugzeug
Besatzung: 5 (1. Maschine), 7 (2. Maschine)
Passagiere: 15, später 30 (1. Maschine), 34 (2. Maschine)

Besonderheiten und Leistungen:

Als größtes und modernstes Luftverkehr-Landflugzeug seiner Zeit kam die Junkers G 38 ab 1929 in die internationale Presse und schrieb so Luftfahrtgeschichte. Beinamen wie „Fliegendes Hotel“, „Dicke Adele“ oder „Old Queen Victoria“, vor allem aber der hohe technische Standard der Maschine und der hervorragende Bordservice trugen wesentlich zum Bekanntheitsgrad der Deutschen Luft Hansa Anfang der 1930er-Jahre bei.

Mit einer Tragflächenspannweite von 44 Metern besaß der erste Groß-Airliner beeindruckende Ausmaße. Die Dickenflügel waren begehbar und an der teilweise verglasten Stirnvorderkante befanden sich auch Plätze für die Fluggäste. Im zweietagigen Rumpf fanden 34 Passagiere Platz. Auf die zahlreichen konstruktiven und technischen Neuerungen am Flugzeug erhielt Prof. Junkers mehrere Patente.

Technische Daten:

Bauweise: Viermotoriger Ganzleichtmetall-Mitteldecker mit Dickenflügel

Bautyp:	G 38a	G 38ce
Baujahr:	1928/29	1931/32
Länge (m):	21,44	23,20
Höhe (m):	7,20	7,20
Spannweite (m):	44,00	44,00
Flügelfläche (m²):	290,00	303,60
Leergewicht (kg):	14.915	16.800
Gesamtfluggewicht (kg):	21.240	24.000
Höchstgeschwindigkeit (km/h):	190	225
Reisegeschwindigkeit (km/h):	170	210
Gipfelhöhe (m):	3.700	5.500
Reichweite (km):	1.945	2.200
Landegeschwindigkeit (km/h):	106	95
Motor (kW/PS):	2x Junkers L 55 2x Junkers L 8a (ges.: 1.470/ 2.000)	4x Junkers L 88a (ges.: 2.352/3.200)

Junkers K 39

Baujahr: 1927
Erstflug: k.A.
Verwendungszweck: Leichtes Kampfflugzeug
Besatzung: 3
Passagiere: k.A.

Technische Daten:

Bauweise:	Ganzleichtmetall-Tiefdecker
Länge (m):	11,10
Höhe (m):	3,40
Spannweite (m):	17,80
Flügelfläche (m²):	41,00
Leergewicht (kg):	1.930
Gesamtfluggewicht (kg):	3.000
Höchstgeschwindigkeit (km/h):	214
Marschgeschwindigkeit (km/h):	175
Gipfelhöhe (m):	6.000
Reichweite (km):	550
Landegeschwindigkeit (km/h):	105
Motor (kW/PS):	Junkers L 55 (441/600)

Besonderheiten und Leistungen:
Durch Umbau und Umrüstung einer Junkers A 32 entstand im schwedischen Limhamn (Malmö) 1927 ein leichtes und vor allem mobiles Kampfflugzeug, die Junkers K 39, das ggf. unter den Tragflächen auch eine Bombenlast bis 100 kg mitführen konnte. Für Aufklärungszwecke befand sich am Rumpfboden der einmotorigen Maschine ein speziell eingebauter Beobachtungsstand mit einer Luftbildkamera. Von der A 32 wurde nur der Prototyp gebaut.

Junkers R 42

Baujahr: 1926/27
Erstflug: k.A.
Verwendungszweck: Bombenflugzeug
Besatzung: 4
Passagiere: k.A.

Technische Daten:

Bauweise:	Dreimotoriger Ganzleichtmetall-Tiefdecker
Länge (m):	15,30
Höhe (m):	4,80
Spannweite (m):	29,50
Flügelfläche (m²):	94,60
Leergewicht (kg):	4.320
Gesamtfluggewicht (kg):	6.780
Höchstgeschwindigkeit (km/h):	175
Marschgeschwindigkeit (km/h):	150
Gipfelhöhe (m):	3.000
Reichweite (km):	1.000
Landegeschwindigkeit (km/h):	110
Motor (kW/PS):	3x Junkers L 5 (gesamt 660/900)

Besonderheiten und Leistungen:
Durch Umrüstung der G 24 entstand 1926 im Auftrag der Reichswehr in Limhamn (Malmö) die K 30. Die Maschine mit ihren zwei MG-Drehkränzen und den Bombenabwurfvorrichtungen gilt als frühe Form der späteren „fliegenden Festungen". Durch den Liefererfolg der K 30 angeregt, baute Limhamn für die Sowjetunion eine weitere K-30-Variante. Später wurde in Fili – entsprechend den Kriterien der sowjetischen Fliegerverbände – die Bewaffnung erweitert. Registriert wurde die Maschine unter der Typenbezeichnung Junkers R 42 bzw. JuG 1, die 42 ist die Umkehrung von 24 und das G steht für Großflugzeug.

■ Junkers K 43

Baujahr: 1927
Erstflug: k.A.
Verwendungszweck: Mehrzweckflugzeug
Besatzung: 3
Passagiere: k.A.

Technische Daten:

Bauweise:	Ganzleichtmetall-Tiefdecker
Länge (m):	10,25
Höhe (m):	3,50
Spannweite (m):	17,75
Flügelfläche (m^2):	44,00
Leergewicht (kg):	1.710
Gesamtfluggewicht (kg):	3.200
Höchstgeschwindigkeit (km/h):	215
Marschgeschwindigkeit (km/h):	195
Gipfelhöhe (m):	6.300
Reichweite (km):	800 bzw. 1.365
Landegeschwindigkeit (km/h):	115
Motor (kW/PS):	BMW „Hornet“ (385/525)

Besonderheiten und Leistungen:
Bei der Junkers K 43 handelt es sich um die Militärversion der Junkers W 34, die 1927 in Limhamn (Malmö) von der „A. B. Flygindustri“ umgerüstet wurde. Vorrangig in seiner Funktion als Militärtransportflugzeug flog diese Maschine in Argentinien, Bolivien, Finnland und Portugal.

■ Junkers Ju 46

Baujahr: 1931/32
Erstflug: 4. Mai per Katapult
Verwendungszweck: Katapult-Postflugzeug
Besatzung: 2
Passagiere: k.A.

Technische Daten:

Bauweise:	Ganzleichtmetall-Tiefdecker
Länge (m):	11,10
Höhe (m):	3,90
Spannweite (m):	18,00
Flügelfläche (m^2):	44,00
Leergewicht (kg):	1.730
Gesamtfluggewicht (kg):	3.200
Höchstgeschwindigkeit (km/h):	230
Reisegeschwindigkeit (km/h):	200
Gipfelhöhe (m):	4.700
Reichweite (km):	2.000
Landegeschwindigkeit (km/h):	115
Motor (kW/PS):	BMW „Hornet C“ (441/600)

Besonderheiten und Leistungen:
Die Junkers Ju 46 mit Schwimmern ist eine modifizierte und den technischen Anforderungen einer Katapultanlage angepasste Junkers W 34. Solange ein Non-Stop-Flugverkehr zwischen Europa und Amerika noch nicht möglich war, erfolgte etwa 1.200 bis 1.600 km vor der Küste ein Katapult-Postflug vom Schiff aus. So traf das Postflugzeug etwa zwei Tage vor dem Linienschiff im Zielhafen ein.

Junkers K 47

Baujahr: 1928/29
Erstflug: 15. September 1929
Verwendungszweck: Leichter Jagdbomber
Besatzung: 2
Passagiere: k.A.

Technische Daten:

Bauweise:	Ganzleichtmetall-Tiefdecker
Länge (m):	8,55
Höhe (m):	2,80
Spannweite (m):	12,40
Flügelfläche (m²):	22,80
Leergewicht (kg):	1.035
Gesamtfluggewicht (kg):	1.635
Höchstgeschwindigkeit (km/h):	300
Marschgeschwindigkeit (km/h):	280
Gipfelhöhe (m):	8.500
Reichweite (km):	480
Landegeschwindigkeit (km/h):	105
Motor (kW/PS):	BMW „Hornet C" (441/600)

Besonderheiten und Leistungen:

Nahezu zeitgleich zu den Versuchsflügen der Junkers A 48 in Dessau entsteht in Limhamn (Malmö) die militärische Adaption mit der Typenbezeichnung K 47. Auf internationalen Messen und Flugvorführungen weckt diese Maschine das Interesse der Militärs von Frankreich, Litauen, Japan und Kolumbien. China und die Sowjetunion kaufen diesen leichten Jagdbomber, nach dessen Konfiguration 1935 der Sturzkampfbomber JFM Ju 87 entsteht.

Junkers A 48

Baujahr: 1928
Erstflug: k.A.
Verwendungszweck: Schul- und Kurierflugzeug
Besatzung: 1
Passagiere: 1

Technische Daten:

Bauweise:	Ganzleichtmetall-Tiefdecker
Länge (m):	8,55
Höhe (m):	2,80
Spannweite (m):	12,40
Flügelfläche (m²):	22,80
Leergewicht (kg):	1.090
Gesamtfluggewicht (kg):	1.650
Höchstgeschwindigkeit (km/h):	265
Reisegeschwindigkeit (km/h):	220
Gipfelhöhe (m):	7.500
Reichweite (km):	480
Landegeschwindigkeit (km/h):	105
Motor (kW/PS):	Bristol „Jupiter VII" (441/600)

Besonderheiten und Leistungen:

Die in Glattblechrumpfbauweise gebaute Junkers A 48 charakterisiert eine wesentliche Entwicklung im Junkers-Flugzeugbau: den Übergang zur aerodynamisch verbesserten Formgebung für den Schnellflugverkehr. Dazu gehört auch die Junkers-Schalenbauweise, die den Flugzeugbau in den 1930er-Jahren revolutionieren sollte.
Mit unterschiedlichen Motoren und technischen Neuerungen wie der sogenannten Junkers-„Sturzflugbremse" diente die Maschine vorrangig als Versuchsträger.

Junkers Ju 49

Baujahr: 1931
Erstflug: 2. Oktober 1931
Verwendungszweck: Höhenforschungsflugzeug
Besatzung: 2
Passagiere: k.A.

Technische Daten:

Bauweise:	Ganzleichtmetall-Tiefdecker mit Druckkabine	
Länge (m):		17,20
Höhe (m):		4,75
Spannweite (m):		28,25
Flügelfläche (m^2):		98,00
Leergewicht (kg):		3.590
Gesamtfluggewicht (kg):		4.270
Höchstgeschwindigkeit (km/h):	146	220
	in Bodennähe	in 14 km Höhe
Gipfelhöhe (m):		14.000
Reichweite (km):		450
Landegeschwindigkeit (km/h):		75
Motor (kW/PS):		Junkers L 88a (588/800)

Besonderheiten und Leistungen:
Mit dem Höhenforschungsflugzeug Ju 49, dessen Entwicklung 1928 durch eine Vereinbarung zwischen Prof. Hugo Junkers und der „Deutschen Versuchsanstalt für Luftfahrt" begann, entstand eine hervorragende Leistung im Flugzeug- und -Motorenbau. Die für große Höhenflüge entwickelte Maschine wirkte nicht nur elegant schlank, sondern bildete mit ihrer speziell entwickelten druckfesten, klimatisierten doppelwandigen Druckkammer und dem Höhenmotor eine Weltneuheit. Auch das Kraftstoffgemisch war den klimatischen Verhältnissen der Hochatmosphäre angepasst. Aufgrund der Luftverhältnisse in großen Höhen wies die Vierblatt-Luftschraube einen Durchmesser von 5,60 Metern auf. Sie machte ein hochbeiniges Fahrwerk erforderlich.

Junkers A 50

Baujahr: 1928/29
Erstflug: 28. Juni 1929
Verwendungszweck: Reise-, Sport- und Schulflugzeug
Besatzung: 1
Passagiere: 1

Technische Daten:

Bauweise:	Ganzleichtmetall-Tiefdecker
Länge (m):	7,12
Höhe (m):	2,40
Spannweite (m):	10,00
Flügelfläche (m^2):	13,70
Leergewicht (kg):	410
Gesamtfluggewicht (kg):	650
Höchstgeschwindigkeit (km/h):	165
Reisegeschwindigkeit (km/h):	135
Gipfelhöhe (m):	3.800
Reichweite (km):	550
Landegeschwindigkeit (km/h):	80
Motor (kW/PS):	Armstrong Siddeley „Genet" (65/88)

Besonderheiten und Leistungen:
Neben dem Prototyp der Junkers A 50, der mit einem Anzani-Motor 3 A2 (37 kW/50 PS) ausgerüstet war, entstanden bis 1932 fünf Typenreihen, was u.a. für die Austauschbarkeit der Flugmotore und der gewünschten Leistungsparameter spricht. Mit dem Slogan „Ein Junkers-Flugzeug für Jedermann" avancierte die A 50 bei einem Preis von rund 6.000 RM zum erfolgreichsten Junkers-Sport- und -Reiseflugzeug. Zu den Exportländern gehörten Australien, Brasilien, Finnland, Japan, Portugal, die Schweiz und Südafrika.
Zwischen dem 6. und 16. Juni 1930 wurden mit der A 50 acht Flugrekorde geflogen. Mehrere spektakuläre Langstreckenflüge nach Japan, Teneriffa und Südafrika machten den Flugzeugtyp weltbekannt.

Junkers K 51 bzw. Ki 20

Baujahr: 1931/32
Erstflug: k.A.
Verwendungszweck: Großbomber
Besatzung: 8
Passagiere: k.A.

Technische Daten:

Bauweise:	Viermotoriger Ganzleichtmetall-Mitteldecker mit Dickenflügel
Länge (m):	23,20
Höhe (m):	7,20
Spannweite (m):	44,00
Flügelfläche (m²):	290,00
Leergewicht (kg):	16.400
Gesamtfluggewicht (kg):	23.000
Höchstgeschwindigkeit (km/h):	210
Marschgeschwindigkeit (km/h):	206
Gipfelhöhe (m):	3.400
Reichweite (km):	750
Landegeschwindigkeit (km/h):	95
Motor (kW/PS):	4x Junkers L 88a (gesamt: 2.352/3.200)

Besonderheiten und Leistungen:
Angeregt von den technischen Parametern der Junkers G 38, gab die japanische „Mitsubishi Nainenki Kabushiki Kaisha" in Tokio dem Junkers-Flugzeugbau den Auftrag, aus dem Verkehrsflugzeug eine Militärvariante zu entwickeln. So entstand der Großbomber Junkers K 51, der ab 1932 in Japan unter der Typenbezeichnung Ki 20 gebaut wurde. Die Ki 20 kam nie zum Einsatz und wurde 1941 von der japanischen Armee ausgemustert.

Junkers Ju 52/1m

Baujahr: 1930
Erstflug: 11. September 1930
Verwendungszweck: Frachtflugzeug
Besatzung: 2
Passagiere: k.A.

Technische Daten:

Bauweise:	Ganzleichtmetall-Tiefdecker
Länge (m):	18,50
Höhe (m):	4,50
Spannweite (m):	29,00
Flügelfläche (m²):	110,50
Rüstmasse (kg):	3.890
Flugmasse (kg):	6.600
Höchstgeschwindigkeit (km/h):	195
Reisegeschwindigkeit (km/h):	160
Gipfelhöhe (m):	3.600
Reichweite (km):	1.000
Landegeschwindigkeit (km/h):	80
Motor (kW/PS):	BMW VIIaU (507/690)

Besonderheiten und Leistungen:
Bei der Konstruktion der Junkers Ju 52 gingen 48 neue Patente ein, davon 15 Entwicklungen, die speziell beim Bau der Maschine entstanden. Das Flugzeug wurde auf dem Flugplatz Berlin-Tempelhof erstmals der Öffentlichkeit als Groß-Lufttransporter zur Aufnahme von zwei Tonnen Nutzlast am 17. Februar 1931 vorgestellt. Als „fliegender Möbelwagen" fand die Maschine schnell Abnehmer in Schweden, Südafrika und Kanada. Besonders die hervorragenden Flugeigenschaften und vor allem die ausgereifte Konstruktion überzeugten die Kunden.

Junkers Ju 52/3m

Baujahr: 1931
Erstflug: 7. März 1932
Verwendungszweck: Verkehrsflugzeug
Besatzung: 2
Passagiere: 15

Besonderheiten und Leistungen:
Als Passagiermaschine flog die Ju 52/3m in mindestens 27 Luftfahrtgesellschaften. Sie war eines der meistgeflogenen und bekanntesten Verkehrsflugzeuge der Welt und wurde als „legendäre Ju 52“ Luftfahrtlegende. Die meisten Erkundungs- und Pionierflüge der 1930er-Jahre erfolgten mit diesem Flugzeugtyp. Bekannt wurde die Ju 52/3m auch als „fliegender Prüfstand“ zur Entwicklung neuer flugmesstechnischer Geräte und Motoren. Aufgrund ihrer soliden Konstruktion, ihrem hohen Sicherheitsstandard, ihren technischen Neuerungen und hervorragenden Flugeigenschaften sowie des fluggastfreundlichen Komforts gilt die Ju 52/3m als Wegbereiter der modernen Luftfahrt.

Technische Daten:

Bauweise:	Dreimotoriger Ganzleichtmetall-Tiefdecker		
Bautyp:	Ju 52/3mce	Ju 52/3mge	Ju 52/3mte
Baujahr:	1931	1937	1938
Länge (m):	18,50	18,90	18,90
Höhe (m):	4,65	6,10	6,10
Spannweite (m):	29,25	29,25	29,25
Flügelfläche (m^2):	110,50	110,50	110,50
Leergewicht (kg):	5.360	6.370	6.600
Gesamtfluggewicht (kg):	9.000	10.000	10.500
Höchstgeschwindigkeit (km/h):	235	284	315
Reisegeschwindigkeit (km/h):	185	250	295
Gipfelhöhe (m):	4.800	5.800	6.500
Reichweite (km):	925	1.060	850
Landegeschwindigkeit (km/h):	92	104	107
Motor (kW/PS):	3x BMW „Hornet A2“ (gesamt: 1.170/1.5775)	3x Pratt & Whitney „Wasp S3 H1-G“ (gesamt: 1.674 PS)	3x Pratt & Whitney „Hornet S1 E-G“ (gesamt: 2.145 PS)

Junkers K 53 bzw. R 53

Baujahr: 1926
Erstflug: k.A.
Verwendungszweck: Aufklärungsflugzeug
Besatzung: 2
Passagiere: k.A.

Technische Daten:

Bauweise:	Ganzleichtmetall-Tiefdecker
Länge (m):	8,20
Höhe (m):	3,50
Spannweite (m):	15,95
Flügelfläche (m^2):	29,75
Leergewicht (kg):	1.050
Gesamtfluggewicht (kg):	1.700
Höchstgeschwindigkeit (km/h):	210
Marschgeschwindigkeit (km/h):	180
Gipfelhöhe (m):	6.300
Reichweite (km):	580
Landegeschwindigkeit (km/h):	110
Motor (kW/PS):	Junkers L 5 (228/310)

Besonderheiten und Leistungen:
Im südschwedischen Limhamn (Malmö) erfolgte durch die „A. B. Flygindustri" der Umbau der Junkers A 35 zum Aufklärungsflugzeug K 53, wobei der Pilotensitz mit einem MG-Stand ausgestattet wurde. Die im sowjetischen Junkers-Werk Fili bei Moskau nach militärischen Gesichtspunkten umgebauten A 35 erhielten die Typenbezeichnung R 53.

Junkers Ju 60

Baujahr: 1932
Erstflug: 8. November 1932
Verwendungszweck: Schnellverkehrsflugzeug
Besatzung: 2
Passagiere: 6 bzw. 8

Technische Daten:

Bauweise:	Ganzleichtmetall-Tiefdecker
Länge (m):	11,84
Höhe (m):	3,50
Spannweite (m):	14,30
Flügelfläche (m^2):	34,00
Leergewicht (kg):	2.040
Gesamtfluggewicht (kg):	3.100
Höchstgeschwindigkeit (km/h):	285
Reisegeschwindigkeit (km/h):	240
Gipfelhöhe (m):	5.500
Reichweite (km):	1.000
Landegeschwindigkeit (km/h):	95
Motor (kW/PS):	P&W „Hornet A2" (440/600)

Besonderheiten und Leistungen:
Die Entwicklung der Junkers Ju 60 im Dessauer Flugzeugwerk ist ein weiterer Schritt auf dem Weg zum Glattblechflugzeug. Der Glattblechrumpf ist wie bei der Junkers A 48, von der A 50 wurde die ovale Rumpfform übernommen und der durchgehende Doppelflügel entspricht in seiner Gestaltung der Ju 52. Tragfläche und Leitwerk sind zwar noch mit Wellblech beplankt, doch das einziehbare Fahrwerk stellt eine wesentliche aerodynamische Neuerung dar.

Junkers Ju 160

Baujahr: 1933/34
Erstflug: 30. Januar 1934
Verwendungszweck: Schnellverkehrsflugzeug
Besatzung: 2
Passagiere: 6

Technische Daten:

Bauweise:	Ganzleichtmetall-Tiefdecker
Länge (m):	12,00
Höhe (m):	3,90
Spannweite (m):	14,30
Flügelfläche (m^2):	34,80
Leergewicht (kg):	2.520
Gesamtfluggewicht (kg):	3.550
Höchstgeschwindigkeit (km/h):	340
Reisegeschwindigkeit (km/h):	320
Gipfelhöhe (m):	5.200
Reichweite (km):	1.000
Landegeschwindigkeit (km/h):	100
Motor (kW/PS):	BMW 132 A (485/660)

Besonderheiten und Leistungen:
Wie schnell und konsequent der Erkenntnisprozess der Versuchsflüge mit der Junkers Ju 60 in die konstruktive Entwicklung der Ju 160 einging, ist anhand der kurzen Entwicklungszeit unter Beachtung der aerodynamischen bzw. technischen Neuerungen zu erkennen. Zwar weichen die Zellenmaße beider Typen nur geringfügig voneinander ab, doch nun repräsentiert sich die Junkers Ju 160 im Outfit der Ganzglattblech-Schalenbauweise. Es ist der letzte Flugzeugtyp, der unter der Ägide von Prof. Hugo Junkers entstand.

JFM EF 61

Baujahr: 1936
Erstflug: März 1937
Verwendungszweck: Höhenforschungs-Versuchsflugzeug
Besatzung: 2
Passagiere: k.A.

Technische Daten:

Bauweise:	2-motoriger Ganzleichtmetall-Schulterdecker mit Druckkabine
Länge (m):	14,35
Höhe (m):	k.A.
Spannweite (m):	27,00
Flügelfläche (m^2):	k.A.
Leergewicht (kg):	k.A.
Gesamtfluggewicht (kg):	k.A.
Höchstgeschwindigkeit (km/h):	k.A.
Reisegeschwindigkeit (km/h):	k.A.
Gipfelhöhe (m):	14.000
Reichweite (km):	1.250
Landegeschwindigkeit (km/h):	k.A.
Motor (kW/PS):	2x Daimler-Benz DB 600 D (gesamt: 1.250/1.700)

Besonderheiten und Leistungen:
In der Junkers-Flugzeugforschung steht das Kürzel EF für Entwicklungsflugzeug. Die JFM EF 61 entstand im Auftrag des RLM. Man knüpfte mit dieser Entwicklung an die ausgezeichneten Ergebnisse der Junkers Ju 49 an. Doch das neue streng abgeschirmte Projekt stand unter keinem guten Stern. Beide Prototypen gingen bereits während der Erprobung zu Bruch.

JFM Ju 86

Baujahr: 1934

Erstflug: 4. November 1934

Verwendungszweck: Verkehrs- und Kampfflugzeug

Besatzung: 2

Passagiere: 10 (Zivilvariante)

Besonderheiten und Leistungen:

Die JFM Ju 86 entstand in einer Rekordzeit von zehn Monaten von der Auftragserteilung des Reichsluftfahrtministeriums bis zum Erstflug. Militärisch als Mittelstreckenbomber mehrerer K-Serien und Höhenaufklärer ausgelegt sowie als ziviles Verkehrsflugzeug konzipiert, wurden rund 880 Maschinen gebaut. Als Verkehrsflugzeug flog die Ju 86 erfolgreich in Australien, Bolivien, der Schweiz und Südafrika, während die Bomberversion an Bolivien, Portugal, Schweden und Ungarn geliefert wurde. Von ihren Leistungsparametern galt die Ju 86 militärtechnisch bereits zu Beginn des Zweiten Weltkrieges als veraltet.

Als Höhenaufklärer Ju 86 P mit einer druckfesten Kabine und einem stärkeren Motor ausgerüstet, dem Jumo 207 A-1, operierten einige Maschinen ab 1940 in 12.000 bis 14.000 Meter Höhe.

Technische Daten:

Bauweise:	Zweimotoriger Ganzleichtmetall-Tiefdecker	
Bautyp:	Ju 86 B	Ju 86 K
Baujahr:	1934	1937
Länge (m):	17,60	17,87
Höhe (m):	4,70	4,70
Spannweite (m):	22,50	22,50
Flügelfläche (m^2):	82,00	82,00
Leergewicht (kg):	5.790	5.490
Gesamtfluggewicht (kg):	8.000	8.190
Höchstgeschwindigkeit (km/h):	310	380
Reisegeschwindigkeit (km/h):	280	k.A.
Marschgeschwindigkeit (km/h):	k.A.	300
Gipfelhöhe (m):	5.900	6.800
Reichweite (km):	1.500	1.500
Landegeschwindigkeit (km/h):	98	100
Motor (kW/PS):	2x Jumo 205 C (gesamt: 882/1.200)	2x BMW 132 N (gesamt: 1.278/1.740)

JUNKERS- JU 86 K

A A-Stand
B B-Stand
C C-Stand
1 Maschinengewehr
2 Vertikallafette
3 Abwurfzentrale
4 Zielgerät
5 Schiebefenster
6 Staurohr
7 Absprungklappe
8 Munitionsbehälter
9 Leertrommelsack
10 Sauerstofflaschen
11 Klappfenster
12 Handhebel für Bombennotwurf
13 Drehkranzlafette
14 Maschinengewehr
15 Leertrommelsack
16 Leuchtpistole
17 Leuchtmunition
18 Munitionsbehälter
19 Stemmring
20 Windschutzschirm
21 Senkturm (ausgefahren)
22 Bodenlafette
23 Maschinengewehr
24 Schlitten mit Munitionsbehälter
25 Atemgerät
26 Führungsschiene für Senkturm
27 Federausgleich für Senkturm
28 Einsteigluke mit Leiter und Leertrommelsack
29 Bombenmagazine
30 Kraftstoffbehälter
31 Schmierstoffbehälter
32 Ausfahrvorrichtung für Fahrgestell
33 Einziehbares Fahrgestell
34 Antenne
35 Antennenmast
36 Steuersäule
37 Führersitz
38 Verstellhebel für Führersitz
39 Ausgleichgewichte
40 Peilrahmen
41 Spreizklappen (Kühlung)
42 Auspuffsammelring
43 Luftansaugschacht
44 Anwerfkurbel
45 Querruder
46 Landeklappen
47 Positionslampe
48 Feuerlöscher
49 Höhenflosse
50 Höhenruder
51 Seitenflosse
52 Seitenruder

JFM Ju 87

Baujahr: 1934/35
Erstflug: 17. September 1935
Verwendungszweck: Sturzkampfbomber
Besatzung: 2
Passagiere: k.A.

Technische Daten:

Bauweise:	Ganzleichtmetall-Tiefdecker	
Bautyp:	Ju 87 B	Ju 87 D-1
Baujahr:	1938	1941
Länge (m):	11,50	11,50
Höhe (m):	4,25	4,25
Spannweite (m):	13,80	13,80
Flügelfläche (m^2):	31,90	31,90
Leergewicht (kg):	2.760	3.900
Gesamtfluggewicht (kg):	4.300	6.460
Höchstgeschwindigkeit (km/h):	340	350
Marschgeschwindigkeit (km/h):	320	300
Gipfelhöhe (m):	8.100	5.200
Reichweite (km):	850	850
Landegeschwindigkeit (km/h):	118	125
Motor (kW/PS):	Jumo 211 Da (880/1.200)	Jumo 211 J (1.029/1.400)

Besonderheiten und Leistungen:
Kein anderes Flugzeug des Zweiten Weltkrieges ist so eng mit dem Beinamen „Stuka" behaftet wie die JFM Ju 87. Dieser Typ steht stellvertretend für das Aufrüstungsprogramm der deutschen Luftwaffe. Im Spanischen Bürgerkrieg erlebte die Ju 87 bei der Kampfgruppe K 88 der Legion Condor ab Dezember 1937 ihren ersten Fronteinsatz. Als „Präzisionsbomber" flog sie ab 1. September 1939 an allen Kriegsfronten Europas bzw. Afrikas und gilt als Menetekel deutscher Blitzkriegspolitik.

JFM Ju 88

Baujahr: 1936
Erstflug: 21. Dezember 1936
Verwendungszweck: Kampfflugzeug
Besatzung: 4 bzw. 3
Passagiere: k.A.

Technische Daten:

Bauweise:	Zweimotoriger Ganzleichtmetall-Tiefdecker	
Bautyp:	Ju 88 A-4	Ju 88 H-2
Baujahr:	1940	1943
Länge (m):	14,36	17,88
Höhe (m):	5,10	5,80
Spannweite (m):	20,08	19,95
Flügelfläche (m²):	54,70	54,70
Leergewicht (kg):	7.170	8.550
Gesamtfluggewicht (kg):	13.170	15.350
Geschwindigkeit mit Bombenlast (km/h):	400	505
Rückfluggeschwindigkeit (km/h):	450	k.A.
Gipfelhöhe (m):	6.000	k.A.
Theoretische Reichweite (km):	2.370	3.680
Landegeschwindigkeit (km/h):	140	160
Motor (kW/PS):	2x Jumo 211 J (gesamt: 2.080/2.840)	2x BMW 801 D-2 (gesamt: 2.540/3.460)

Besonderheiten und Leistungen:

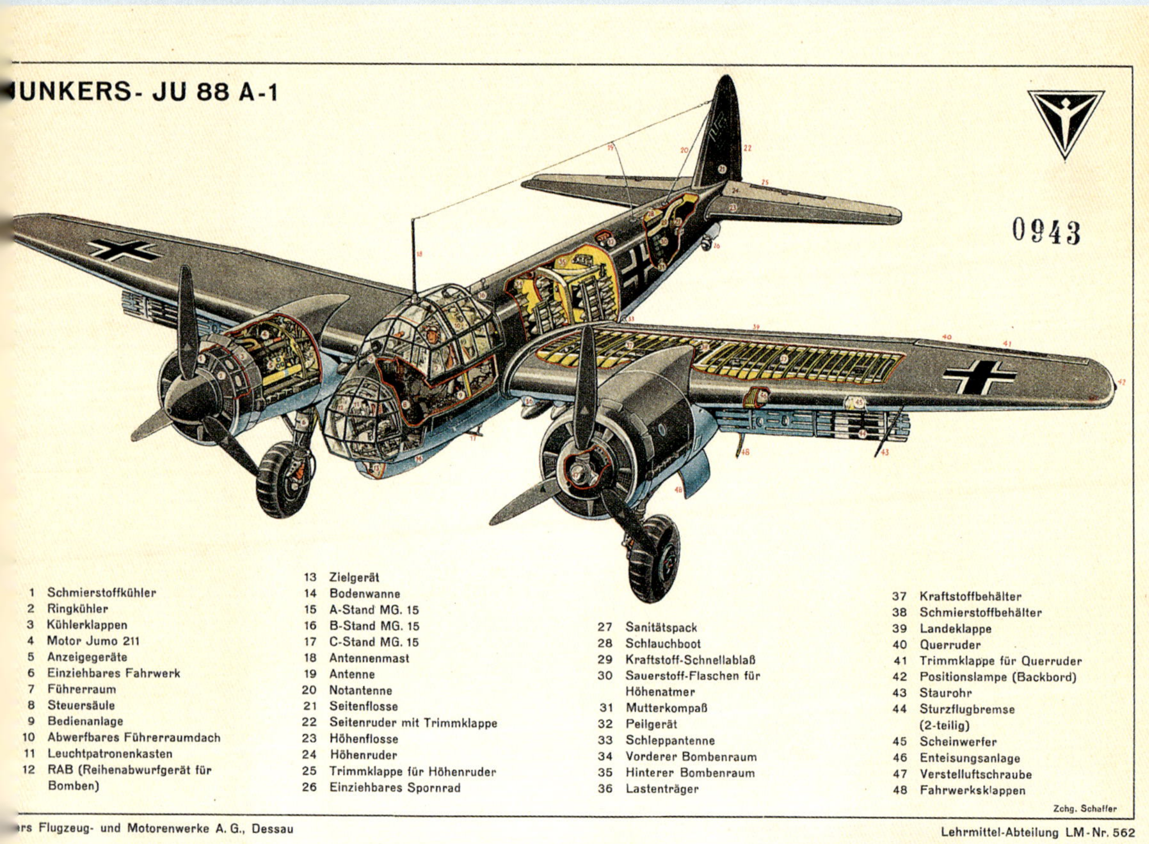

Mit 15.100 gefertigten Maschinen gehörte die JFM Ju 88 volumenmäßig zum größten deutschen Flugzeugbeschaffungsprogramm. Den Auftrag zum Bau eines zweimotorigen Schnell- und Sturzkampfbombers mittlerer Reichweite erteilte 1935 das Reichsluftfahrtministerium. So entstand bis 1944 ein Mehrzweck-Flugzeugtyp, der entsprechend militärstrategischer Überlegungen in über 60 Varianten gefertigt wurde. Als Bombenflugzeug, Fernaufklärer, Nacht- und Panzerjäger, Spezialtransporter, Sturzkampfflugzeug, Torpedojäger, Zerstörer und Mistelgespann eingesetzt, steht dieses Flugzeug für eine Politik, die mit Tod und Verderben über den europäischen und afrikanischen Kontinent geherrscht hat.

JFM Ju 188

Baujahr: 1941/43
Erstflug der 1. Serienmaschine: 12. Juni 1943
Verwendungszweck: Kampfflugzeug
Besatzung: 4
Passagiere: k.A.

Technische Daten:

Bauweise:	Zweimotoriger Ganzleichtmetall-Tiefdecker
Bautyp:	Ju 188 E-1
Länge (m):	15,05
Höhe (m):	4,45
Spannweite (m):	22,00
Flügelfläche (m^2):	56,00
Leergewicht (kg):	8.200
Gesamtfluggewicht (kg):	14.570
Höchstgeschwindigkeit (km/h):	425 (Bodennähe)
Marschgeschwindigkeit (km/h):	495 (in 6.100 m Höhe)
Gipfelhöhe (m):	10.100
Reichweite (km):	2.800
Landegeschwindigkeit (km/h):	162
Motor (kW/PS):	2x BMW 801 D-2 (gesamt: 2.540/3.460)

Besonderheiten und Leistungen:

Ab 1941 aus der JFM Ju-88-B-Baureihe abgeleiteter Flugzeugtyp, der nach militärtaktischen Richtlinien je nach Einsatzgebiet mehrfach variiert werden konnte. Ursprünglich als Übergangslösung für die noch nicht einsatzbereite Ju 288 geplant, setzte sich die Ju 188 aufgrund ihrer hohen Kampfwerteigenschaften in allen Frontabschnitten durch. Mit einer Gesamtzahl von 1.237 gefertigten Exemplaren zählt die Ju 188 zu den modernsten und in ihrer aerodynamischen Konfiguration besten Militärmaschinen, die im Zweiten Weltkrieg flogen.

JFM Ju 288

Baujahr: 1940/41
Erstflug der 1. Versuchsmaschine: 30. November 1940
Verwendungszweck: Bombenflugzeug
Besatzung: 3 bzw. 4
Passagiere: k.A.

Technische Daten:

Bauweise:	Zweimotoriger Ganzleichtmetall-Schulterdecker		
Bautyp:	Ju 288 A	Ju 288 B	Ju 288 C-1
Baujahr:	1941	1942	1942/43
Länge (m):	16,45	17,85	18,12
Höhe (m):	4,60	5,00	5,00
Spannweite (m):	18,37	22,66	22,99
Flügelfläche (m^2):	63,00	65,00	67,00
Leergewicht (kg):	11.000	13.600	13.000
Gesamtfluggewicht (kg):	17.300	21.200	21.800
Höchstgeschwindigk.(km/h):	645	625	655
Marschgeschwindigk. (km/h):	565	545	520
Gipfelhöhe (m):	10.300	9.400	10.370
Reichweite (km):	3.850	3.600	2.800
Landegeschwindigkeit (km/h):	180	175	175
Motor (kW/PS):	2x Jumo 222 A/B (gesamt: 2.940/4.000)	2x Jumo 222 E/F (gesamt: 3.680/5000)	DB 610 A-1/B-1 (gesamt: 4.330/5.900)

Besonderheiten und Leistungen:

Konstruktiv ist die Ju 288 nicht mit den Ju-88-Baureihen und deren Folgemuster zu vergleichen, denn es handelt sich um einen Schulterdecker. Der militärische Einsatz der Maschine verzögerte sich lange, da der dafür vorgesehene Spezialmotor Jumo 222 noch nicht die Serienreife besaß. Bis zum Kriegsende kamen 25 Flugzeuge in drei Baureihen zum Einsatz.

JFM Ju 388

Baujahr: 1944
Erstflug: k.A.
Verwendungszweck: Höhenkampfflugzeug
Besatzung: 4
Passagiere: k.A.

Technische Daten:

Bauweise:	Zweimotoriger Ganzleichtmetall-Tiefdecker
Bautyp:	Ju 388 J
Länge (m):	15,20
Höhe (m):	4,35
Spannweite (m):	22,00
Flügelfläche (m²):	56,00
Leergewicht (kg):	10.000
Gesamtfluggewicht (kg):	13.960
Höchstgeschwindigkeit (km/h):	400 (Bodennähe)
Marschgeschwindigkeit (km/h):	560 (in 12.200 m Höhe)
Gipfelhöhe (m):	13.000
Reichweite (km):	2.500
Landegeschwindigkeit (km/h):	185
Motor (kW/PS):	2x BMW 801 TJ (gesamt: 2.660/3.620)

Besonderheiten und Leistungen:
Die Ju 388 ist die flug- und militärtechnische Fortsetzung der Entwicklungsreihe Ju 88 B und Ju 188. Aufgrund ihres vorgesehenen Einsatzes als Höhenkampfflugzeug erhielten die bereits als Ju 188 projektierten Baureihen und Versuchsmuster der Versionen J, K, L und R die Typenbezeichnung JFM Ju 388.

JFM Ju 89

Baujahr: 1936/37
Erstflug: 12. April 1937
Verwendungszweck: Fernbomber
Besatzung: 5
Passagiere: k.A.

Technische Daten:

Bauweise:	Viermotoriger Ganzleichtmetall-Tiefdecker
Länge (m):	26,30
Höhe (m):	6,50
Spannweite (m):	35,00
Flügelfläche (m^2):	184,00
Leergewicht (kg):	16.000
Gesamtfluggewicht (kg):	20.800
Höchstgeschwindigkeit (km/h):	410
Marschgeschwindigkeit (km/h):	310
Gipfelhöhe (m):	7.000
Reichweite (km):	1.300
Landegeschwindigkeit (km/h):	110
Motor (kW/PS):	4x DB 600 C (gesamt: 2.800/3.640)

Besonderheiten und Leistungen:
Als Langstreckenflugzeug für den zivilen und militärischen Einsatz geplant, entstand nach fast dreijähriger Entwicklungszeit ein völlig neuer Flugzeugtyp, die Ju 89. Technologisch-konstruktiv wurde sie in einer segmentierten Glattblech-Schalenbauweise gestaltet. Diese Fertigungsart ermöglichte einen optimierten Produktionsausstoß und schuf die Voraussetzung für Folgeentwicklungen. Der viermotorige Fernbomber ging nicht in Serie und diente ausschließlich als Versuchsträger für weitere Entwicklungen auf dem Gebiet von Großraumflugzeugen.

JFM Ju 90

Baujahr: 1937
Erstflug: 28. August 1937
Verwendungszweck: Großverkehrsflugzeug
Besatzung: 3
Passagiere: 40

Technische Daten:

Bauweise:	Viermotoriger Ganzleichtmetall-Tiefdecker
Länge (m):	26,45
Höhe (m):	7,05
Spannweite (m):	35,30
Flügelfläche (m^2):	184,00
Leergewicht (kg):	16.500
Gesamtfluggewicht (kg):	23.300
Höchstgeschwindigkeit (km/h):	350
Reisegeschwindigkeit (km/h):	320
Gipfelhöhe (m):	4.800
Reichweite (km):	1.050
Landegeschwindigkeit (km/h):	110
Motor (kW/PS):	4x BMW 132 Ha (gesamt: 2.440/3.320)

Besonderheiten und Leistungen:
Unter dem Namen „Der Große Dessauer" wurde die JFM Ju 90 als Groß-Airliner bekannt. Ihre zivile Nutzung entsprach den Wünschen der Lufthansa nach einem modernen, leistungsfähigen und wirtschaftlichen Langstrecken-Verkehrsflugzeug. Mit bis zu 40 Passagierplätzen ausgestattet, bot die Maschine einen hohen Komfort, den Hauch von Luxus, aber vor allem aber Sicherheit und Schnelligkeit.
Als Militärversion wurde die Ju 90 vorrangig als Großtransporter mit einer defensiven Bewaffnung eingesetzt.

JFM Ju 290

Baujahr: 1940/42
Erstflug: 16. Juli 1942
Verwendungszweck: Großtransport-Flugzeug und Fernerkunder
Besatzung: 6
Passagiere: k.A.

Technische Daten:

Bauweise:	Viermotoriger Ganzleichtmetall-Tiefdecker	
Bautyp:	Ju 290 A-1 (Transporter)	Ju 290 A-9 (Fernerkunder)
Baujahr:	1940	1942
Länge (m):	28,70	28,50
Höhe (m):	7,00	6,90
Spannweite (m):	42,00	42,00
Flügelfläche (m^2):	203,60	203,60
Leergewicht (kg):	21.810	24.000
Gesamtfluggewicht (kg):	39.645	45.950
Höchstgeschwindigkeit (km/h):	455	455
Marschgeschwindigkeit (km/h):	388	334
Gipfelhöhe (m):	6.750	6.550
Reichweite (km):	2.500	7.580
Landegeschwindigkeit (km/h):	110	110
Motor (kW/PS):	4x BMW 801 L (gesamt: 4.584/6.240)	4x BMW 801 D (gesamt: 4.584/6.240)

Besonderheiten und Leistungen:

Die Ju 290 galt als das modernste Großtransport-Flugzeug seiner Art. Mit einer patentierten ausfahrbaren Transportklappe unter dem Rumpf, einer Spezialwinde für sperrige und schwere Güter, einem segmentierten und mit Zurrbändern versehenen Stauraum, der viel Abstellmöglichkeiten zuließ, all das bot die Maschine.

JFM Ju 390

Baujahr: 1943
Erstflug: 20. Oktober 1943
Verwendungszweck: Langstrecken-Fernaufklärer
Besatzung: 8
Passagiere: k.A.

Technische Daten:

Bauweise:	Sechsmotoriger Ganzleichtmetall-Tiefdecker
Länge (m):	33,40
Höhe (m):	6,90
Spannweite (m):	50,30
Flügelfläche (m^2):	253,60
Leergewicht (kg):	39.500
Gesamtfluggewicht (kg):	75.000
Höchstgeschwindigkeit (km/h):	473
Marschgeschwindigkeit (km/h):	420
Gipfelhöhe (m):	8.650
Reichweite (km):	9.570
Landegeschwindigkeit (km/h):	120
Motor (kW/PS):	6x BMW 801 E (gesamt: 8.820/12.000)

Besonderheiten und Leistungen:

Mit einer Spannweite von 50 Metern und 75 Tonnen Abfluggewicht war die sechsmotorige Ju 390 nicht nur in ihren Dimensionen ein beeindruckendes Flugzeug, sondern sie besaß auch erstaunlich gute Flugeigenschaften. Die wie nach einem Baukastenprinzip projektierte Maschine wurde auch aus Ju-290- und Ju-90-Bausegmenten zusammengesetzt. Die Lufthansa bekundete ihr Interesse an einer Großverkehrsmaschine. Der weitere Kriegsverlauf verhinderte das Vorhaben.

JFM Ju 252

Baujahr: 1941/42
Erstflug: 5. Juni 1942
Verwendungszweck: Militärtransportflugzeug
Besatzung: 3
Passagiere: 32

Technische Daten:

Bauweise:	Dreimotoriger Ganzleichtmetall-Tiefdecker
Länge (m):	24,49
Höhe (m):	6,60
Spannweite (m):	34,10
Flügelfläche (m²):	121,50
Leergewicht (kg):	12.305
Gesamtfluggewicht (kg):	21.610
Höchstgeschwindigkeit (km/h):	430
Marschgeschwindigkeit (km/h):	328
Gipfelhöhe (m):	6.850
Reichweite (km):	2.500
Landegeschwindigkeit (km/h):	125
Motor (kW/PS):	3x Jumo 211 F (gesamt: 2.970/4.050)

Besonderheiten und Leistungen:

Das ursprünglich von der Lufthansa in Auftrag gegebene Luftverkehrsprojekt der Ju-52-Nachfolge wurde auf Weisung des Reichsluftfahrtministeriums als Militärtransporter weiterentwickelt. So entstand die Ju 252 wie die Ju 90 mit einer hydraulisch absenkbaren Transporterklappe und einer Motorwinde für große Güter. Von der Ju 252 kamen 15 Maschinen zum Einsatz.

JFM Ju 352

Baujahr: 1943
Erstflug: 18. August 1943
Verwendungszweck: Militärtransportflugzeug
Besatzung: 3
Passagiere: k.A.

Technische Daten:

Bauweise:	Dreimotoriger Tiefdecker in Gemischtbauweise
Länge (m):	24,60
Höhe (m):	5,60
Spannweite (m):	34,10
Flügelfläche (m²):	121,50
Leergewicht (kg):	12.500
Gesamtfluggewicht (kg):	18.900
Höchstgeschwindigkeit (km/h):	370
Marschgeschwindigkeit (km/h):	300
Gipfelhöhe (m):	6.000
Reichweite (km):	1.700
Landegeschwindigkeit (km/h):	125
Motor (kW/PS):	3x BMW Bramo 323 R-2 (gesamt: 2.208/3.000)

Besonderheiten und Leistungen:

Die Rohstoffknappheit macht sich während des Kriegsverlaufes auch in der Luftrüstung bemerkbar. Erstmals projektierten Junkers-Ingenieure ein Flugzeug in der sogenannten Gemischtbauweise (Holz und Metall). Während die Flugkanzel und das Rumpfende aus Duraluminium waren, bestand der Rumpfmittelteil aus einer stoffbespannten Stahlrohrkonstruktion. Die durchlaufende Tragflächenkonstruktion hatte man aus Verbund- und Lagenschichtholz gefertigt. Bis zum Baustopp im September 1944 wurden 44 Maschinen gebaut.

JFM Ju 322

Baujahr: 1941
Erstflug: April 1941
Verwendungszweck: Lastensegler
Besatzung: 1
Passagiere: 140

Technische Daten:

Bauweise:	Textilbespannte Holzkonstruktion
Länge (m):	26,30
Höhe (m):	11,60
Spannweite (m):	64,80
Flügelfläche (m^2):	638,54
Leergewicht (kg):	29.210
Gesamtfluggewicht (kg):	45.210
Höchstgeschwindigkeit (km/h):	k.A.
Marschgeschwindigkeit (km/h):	k.A.
Gipfelhöhe (m):	k.A.
Reichweite (km):	k.A.
Landegeschwindigkeit (km/h):	k.A.
Motor (kW/PS):	k.A.

Besonderheiten und Leistungen:
Große Lasten von Menschen bzw. Material zeitlich und wirtschaftlich günstig zwischen großen Distanzen auf dem Luftweg mittels Lastensegler zu bewegen war ein Geheimauftrag des OKW. Verbunden mit dem Plan „Operation Seelöwe", dem möglichen Angriff auf England, erhielten mehrere Flugzeugunternehmen die Aufgabe, einen Lastenträger zu entwickeln. Zielstellung war der Transport von 16 Tonnen Militärfracht bzw. 140 Soldaten mit kompletter Ausrüstung. So entstand der Lastensegler Ju 322, von einer Ju 90 gezogen. Das Projekt wurde in der Testphase wegen Stabilisierungsproblemen abgebrochen.

JFM Ju 287

Baujahr: 1944
Erstflug: 8. August 1944
Verwendungszweck: Großbomber-Versuchsflugzeug
Besatzung: 3
Passagiere: k.A.

Technische Daten:

Bauweise:	Strahlgetriebener Ganzleichtmetall-Mitteldecker mit negativ gepfeilten Tragflügeln
Länge (m):	18,25
Höhe (m):	k.A.
Spannweite (m):	19,40
Flügelfläche (m^2):	68,40
Leergewicht (kg):	12.180
Gesamtfluggewicht (kg):	22.780
Höchstgeschwindigkeit (km/h):	820 (Bodennähe)
Marschgeschwindigkeit (km/h):	870 (in 6.000 m Höhe)
Gipfelhöhe (m):	10.000
Reichweite (km):	1.700
Landegeschwindigkeit (km/h):	190
Triebwerk (kN/kp):	4x Jumo 004 B-1 (max. Schub: 35,6/3.640)

Besonderheiten und Leistungen:
Der Ju 287 liegen eine Reihe strömungstechnischer Untersuchungen zugrunde, die zur Konstruktion von Flugzeugen mit negativ gepfeilten Tragflügeln und eingehängten Triebwerksgondeln führten. Die Maschine besteht aus einzelnen Baugruppen verschiedener Flugzeuge: Rumpf (Heinkel He 177 A-3), Leitwerk (JFM Ju 188 G-2), Bugrad (notgelandeter US-Bomber des Typs „Liberator"). Die so entstandene Maschine repräsentierte eine neue Flugzeuggeneration: den strahlgetriebenen Großbomber.

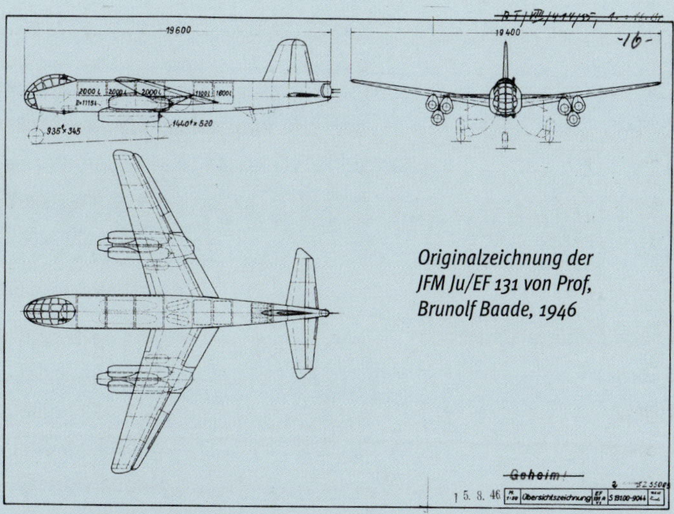

Originalzeichnung der JFM Ju/EF 131 von Prof, Brunolf Baade, 1946

JFM Ju 248

Baujahr: 1944/45
Erstflug: Februar 1945 (im Schlepp einer Me 110)
Verwendungszweck: Raketen-Abfangjäger-Versuchsflugzeug
Besatzung: 1
Passagiere: k.A.

Technische Daten:

Bauweise:	Zweistrahliger Ganzleichtmetall-Mitteldecker
Länge (m):	7,89
Höhe (m):	k.A.
Spannweite (m):	9,50
Flügelfläche (m^2):	17,80
Leergewicht (kg):	2.004
Gesamtfluggewicht (kg):	4.790
Höchstgeschwindigkeit (km/h):	1.000 (bei Maximalschub)
Marschgeschwindigkeit (km/h):	700 (in 11.000 m Höhe)
Gipfelhöhe (m):	15.000
Reichweite (km):	80 bis 100 (im Gleitflug)
Landegeschwindigkeit (km/h):	k.A.
Triebwerk (kN/kp):	Walter HWK 509C (19,58/1.995) geplant

Besonderheiten und Leistungen:

Das von Messerschmitt aus Augsburg am 1. September 1944 auf Weisung des Reichsluftfahrtministeriums übernommene Projekt der Weiterentwicklung des Raketen-Abfangjägers Me 163 führte im JFM Dessau zur Ju 248. Ein Raketentriebwerk sollte den Abfangjäger 15 Flugminuten antreiben und auf eine Höhe von 11.000 bis 15.000 m bringen. Aus dieser Distanz sollte dann der Angriff auf die feindlichen Bomberverbände beginnen. Das Versuchsmuster war im Februar 1945 fertig, jedoch noch ohne Triebwerk. Im Schlepp mit einer Messerschmitt Me 110 erfolgten mehrere Gleitflüge, deren Flugerprobungsprotokolle gute Ergebnisse zeitigten.

JFM Ju/EF 131

Baujahr: 1945/46
Erstflug: Oktober 1946
Verwendungszweck: Großbomber-Versuchsflugzeug
Besatzung: 3
Passagiere: k.A.

Technische Daten:

Bauweise:	Strahlgetriebener Ganzleichtmetall-Mitteldecker mit negativ gepfeilten Tragflügeln
Länge (m):	19,60
Höhe (m):	4,84
Spannweite (m):	19,40
Flügelfläche (m^2):	k.A.
Leergewicht (kg):	k.A.
Gesamtfluggewicht (kg):	22.955
Höchstgeschwindigkeit (km/h):	970 (in 9.000 m Höhe)
Marschgeschwindigkeit (km/h):	860 (in 5.000 m Höhe)
Gipfelhöhe (m):	11.100
Reichweite (km):	k.A.
Landegeschwindigkeit (km/h):	190
Triebwerk (kN/kp):	6x Jumo 004 B-2 (gesamt: 53,4/5.460)

Besonderheiten und Leistungen:

Prototyp auf Weisung der Besatzungsmacht ab August 1945 gebaut und am 16. August 1946 zur Flugerprobung übergeben. Roll- und Triebwerksversuche in Dessau, danach demontiert, per Bahn in die Sowjetunion gebracht und in Ramenskoje bei Moskau eingeflogen. Diente bis 1948 als Erprobungsträger für weitere Flugzeugentwicklungen.

Von der Versuchsstation zum Staatskonzern

Die Entwicklung der Junkers-Werke

Gemeinsam mit Wilhelm von Oechelhaeuser junior gründet Hugo Junkers in der Dessauer Wolfgangstraße 15 eine Versuchsstation für Gasmotore, um eine geeignete Kraftmaschine zur Erzeugung von Elektroenergie zu entwickeln. Diese „Werkstatt" steht für den Beginn einer wirtschaftlichen Entwicklung, die formal gesehen an die Gründerzeit der Wilhelminischen Ära erinnert. Bei einer genaueren Betrachtung charakterisiert sie jedoch das innovative Geschick und Können eines Industriellen, Ingenieurs, Konstrukteurs, Technikers und Wissenschaftlers, der zeit seines Lebens Visionen besaß, die er mit dem „Ethos des Dienens" im Sinne des wissenschaftlich-technischen Fortschritts versuchte umzusetzen.

Junkers erkannte bereits während seines Studiums und der daraus resultierenden Praktika, dass „nur durch das lebendige Ineinandergreifen aller Kräfte unsere Aufgaben gelöst werden können [...] Es darf keine trennende Kluft zwischen Kopf- und Handarbeiten geben, wenn unsere technische Arbeit vorankommen soll. Wir sind alle Teile einer Kette, in der Glied in Glied greift. In der Kette ist jedes Glied wichtig, und wenn ein Glied reißt, so ist die ganze Kette zerrissen." Für Hugo Junkers waren die kreative Arbeit des Menschen, die Liebe zum Beruf, die Verantwortung für das zu Schaffende das größte Kapital, das es zu schützen und zu mehren galt. In seiner Danksagung anlässlich seines 70. Geburtstages führte Prof. Junkers vor der Belegschaft seiner Firmen am 3. Februar 1929 in der großen Halle des Flugzeugbaus dazu aus: „Die schöpferische Zusammenarbeit, wie wir sie brauchen, verlangt selbstständige und produktive Charaktere, die sich unter die gemeinsame Aufgabe unterordnen können und lebendigen Anteil nehmen an den Zielen, die wir uns gesteckt haben. Wir alle müssen von dem Geiste der Forschung und der (praktischen, d.V.) Höchstleistung und von unserer gemeinsamen Verantwortlichkeit durchdrungen sein; nur so können wir die Eigenarten unserer Arbeit und einen wirtschaftlichen Erfolg sichern." Unter diesem Aspekt scheint der Werdegang der Junkers-Werke nahezu konsequent vonstatten gegangen zu sein, doch zeigt die Junkers-Biografie auch fördernde und hemmende Faktoren. Außerdem ist jede technische und wirtschaftliche Entwicklung den politischen Erfordernissen und deren Zwängen ausgesetzt. In diesem dialektischen Zusammenhang gliedern sich die Junkers-Werke* im Zeitraum von 1889 bis 1945 wie folgt:

Gründung Junkers-Werk

1889	„Versuchsstation für Gasmotoren von Oechelhaeuser und Junkers", Dessau
1892	„Hugo Junkers Civil-Ingenieur", Dessau
1895	„Junkers & Co." (Ico), Dessau
1899	„Konstruktionsbüro für Warmwassergeräte", Aachen
1902	„Versuchsanstalt für Ölmotoren", Aachen
1907	„Versuchsanstalt Professor Junkers", Aachen
1908	„Kaloriferwerk Hugo Junkers" (Kalor), seit 1914 in Dessau
1913	„Junkers Motorenbau GmbH", Magdeburg
1914	„American Junkers Company" (AIC), New York
1915	„Forschungs-Anstalt Professor Junkers", Dessau
1915	„Hauptbüro der Junkers-Werke", Dessau
1917	„Junkers-Fokker AG" (Ifa), Dessau

1919 „Junkers Flugzeugwerk AG“ (Ifa), Dessau
1920 „Junkers-Larsen Aircraft Corp.“, NY
1921 „Junkers-Lamellenbau“, Dessau
1921 „Junkers-Kalorimeterbau“, Dessau
1921 „Junkers Luftbild“, Dess., selbstständige Abt. im Flugzeugwerk
1921 „Junkers Luftverkehr“, Dess., selbstständige Abt. im Flugz.-werk
1922 „Junkers-Werft Fürth“, Fürth, Reparaturwerft Junkers Luftverkehr
1923 „Aachener Segelflugzeugbau GmbH“ (SeF), Aachen
1923 „Junkers Motorenbau GmbH“ (Jumo), Dessau
1923 „Junkers-Werke Dessau, Zentrale für Russland“, Moskau und Fili
1924 „Junkers Luftverkehr AG“ (Ilag), Dessau und Berlin
1924 „Junkers-Luftbild-Zentrale“ (ILZ), Dessau
1924 „Junkers Corporation of America“ (Jucoram), New York
1925 „A.B. Flygindustri“ (Afi), Limhamn bei Malmö
1925 „Junkers Flugzeugführerschule“, Dessau
1925 „Junkers Schädlingsbekämpfung“ Dessau, selbstständige Abt. im Flugzeugwerk
1925 „Türk. Flugzeug & Motoren AG“, Angora (Ankara) und Eskischehir
1926 „Junkers-Stahlbau“, Dess., selbstständige Abt. im Kaloriferwerk
1927 „Junkers Zentrale Lehrwerkstatt“, Dessau
1928 „Junkers-Werft Leipzig-Mockau“, Leipzig, Reparaturwerft der Ifa
1928 „Junkers-Luftbild-Zentrale“, Leipzig
1928 „Dessauer Möbelfabrik AG“ (Möfa), Dessau
1930 „Mitteldeutsche Versicherungs-Vermittlungsgesellschaft mbH“ (Mivermi), Dessau
1931 „Junkers-Thermo-Technik GmbH“ (ITT), Dessau, Tochtergesellschaft der Ico mit der Zielstellung der Spezialgeräteentwicklung auf dem Gebiet der Wärmeaustauschtechnik
1931 „Gesellschaft für Junkers-Dieselkraftmaschinen mbH“, Dessau
1931 „Junkers-Dieselkraftmaschinen GmbH“ (Jukra), Chemnitz
1932 „Junkers Flugzeugwerk-Betriebs-Gesellschaft mbH“, Dessau
1932 „Junkers Flugzeug-Patentstelle GmbH“ (Ifa-Pat), Dessau
1932 „Junkers Motoren-Patentstelle GmbH“ (Jumo-Pat), Dessau
1932 „Junkers Freikolben-Abteilung“, Roßlau bei Dessau, Abteilung der Forschungsanstalt Prof. Junkers
1933 „Junkers Kalorimeter-Mess-Gerätebau GmbH“, Dessau,
1933 „Thermo-Technik GmbH“, Berlin, entstand durch Umwandlung der ITT durch den Verkauf der Ico 1932 an das Bosch-Unternehmen
1934 „Forschungs-Anstalt Professor Hugo Junkers GmbH“, München

* Als Junkers-Werke sind im begrifflichen wie juristischen Sinne die Unternehmungen gemeint, die von Hugo Junkers selbst bzw. auf seine Veranlassung hin gegründet worden sind oder in denen er durch Kauf von Aktien oder Gesellschafteranteilen die Mehrheit besaß.

Nach dem zwangsweisen Ausscheiden von Prof. Hugo Junkers aus dem Flugzeug- und -Motorenwerk im Oktober 1933 und nach seinem Ableben am 3. Februar 1935 kam es bis 1945 noch zu Strukturveränderungen bzw. Neugründungen, die den Namen Junkers tragen.

1936 „Junkers Flugzeug- und -Motorenwerke AG“ (JFM)
1941 „Hugo Junkers-Werke GmbH“, München

Patente in der Anwendung: Bausteine zum Know-how

Fantasien, Ideen, Erfindungsgabe, Pioniergeist, technisches Wissen und Experimente sind die Triebkräfte in der Entwicklungsgeschichte der Luftfahrt. Nur so ist Fortschritt zu erreichen. Fortschritt ist Entwicklung, die ihren Niederschlag im Erkenntnisprozess einer Neuerung findet. Daher erwecken Neuerungen, Erfindungen und Patente für einen Außenstehenden zum Teil den Eindruck von etwas Besonderem. Doch sind sie nur der ausgereifte, angewandte und vergegenständlichte Ausdruck einer menschlichen Idee, auf allen wissenschaftlichen Gebieten, so auch die Innovation in der Luftfahrt. Neuerungen und Erfindungen werden juristisch vorrangig durch Musterschutz abgesichert, während ein Patent ein Ausschließungsrecht darstellt, welches der Staat dem erfolgreichen Erfinder zuspricht. Dadurch ist der Patentinhaber ermächtigt, während einer gewissen Zeit die Erträge aus seiner schöpferischen Tätigkeit für sich zu nutzen. Jedes Patent setzt eine Erfindung voraus, da ein Patent erst durch den menschlichen Denk- und Erkenntnisprozess aus einer Erfindung und ihrer Verwertbarkeit heraus entsteht. Folglich ist ein Patent das Ergebnis des Zusammenwirkens von wissenschaftlich-technischer und technisch-wirtschaftlicher Forschung. In einem Vortrag über „Grundsätze technisch-wirtschaftlicher Forschung, entwickelt aus ihren Zielen nach eigenen Erfahrungen“ äußerte sich Prof. Junkers am 11. Oktober 1932 im Haus der Technik in Essen über den Zweck und das Ziel seiner Forschung: „Wirtschaftlich ist es erst erreicht, wenn das neue Produkt in die Praxis eingeführt ist, und deshalb genügt es nicht, als Erfinder eine Idee in die Welt zu setzen, Patente darauf zu nehmen und dann die Idee anderen als Kuckucksei ins Nest zu legen. Nein, wir müssen weiter gehen, in planmäßiger technisch-wirtschaftlicher Forschungsarbeit sämtliche Wege finden, prüfen, versuchsweise ausführen, die verschiedensten Anforderungen zur rechten Zeit dabei berücksichtigen, seien es die der Fabrikation, seien es die des zukünftigen Abnehmers oder andere, und daraus die günstigsten Kompromisse ziehen. Kurz, wir müssen dafür sorgen, dass die Entwicklung des Produktes bis zu Ende durchgezogen wird und wir – obwohl das ursprünglich nicht in meiner Absicht lag – Fabrikation und Vertrieb, wenigstens zeitweise, selbst in die Hand nehmen müssten.“

Unten: Junkers-Patentschrift 469476, ausgegeben am 15. Dezember 1928 für ein Flugzeug, dessen Tragflächengröße durch einfügbare Zwischenstücke verändert werden kann. Das Montageverfahren war für die Ju 52/3m vorgesehen.
Dokument: Sammlung des Verfassers

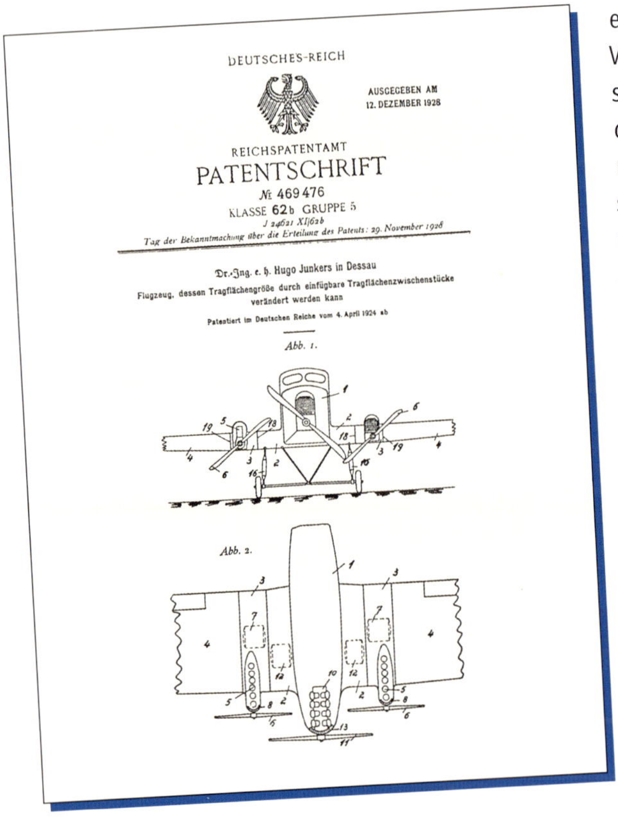
DEUTSCHES-REICH

AUSGEGEBEN AM 12. DEZEMBER 1928

REICHSPATENTAMT
PATENTSCHRIFT
№ 469 476
KLASSE 62b GRUPPE 5
J 24621 XI/62b

Tag der Bekanntmachung über die Erteilung des Patents: 29. November 1928

Dr.-Ing. e. h. Hugo Junkers in Dessau

Flugzeug, dessen Tragflächengröße durch einfügbare Tragflächenzwischenstücke verändert werden kann

Patentiert im Deutschen Reiche vom 4. April 1924 ab

Abb. 1.

Abb. 2.

Das Ziel einer Entwicklung wird erreicht, wenn eine Erfindung nach ihrer Patentreife in die Praxis eingeführt ist. Diesen Grundsatz der Zweckforschung, der in den Junkers-Werken oberste Priorität besaß, belegen die zahlreichen Junkers-Patente im Vergleich zu dem Fabrikationsprofil der zahlreichen Junkers-Unternehmen und deren Erzeugnisse. Daher dokumentieren die Junkers-Patente das auf Forschung und Erfahrung beruhende Wissen über die Herstellung und den Einsatz technischer Erzeugnisse. Zwar hört sich eine Patentschrift beim Lesen bisweilen kompliziert an, denn das „Patentdeutsch“ ist für heutige Verhältnisse etwas umständlich geschrieben. Es vermittelt jedoch in prägnanter Weise den wissenschaftlich-technischen und technisch-wirtschaftlichen Zeitgeist der jeweiligen Epoche und sollte daher wie „das Salz in der Suppe“ angesehen werden. Bei der Zusammenstellung und Ordnung der Patente nach Sachgebieten ging es darum, einen Einblick in das umfangreiche Aufgabengebiet der Luftfahrt und das vielseitige innovative Wirken von Prof. Hugo Junkers zu gewähren und aufzuzeigen, mit welch technischen Vorschlägen Probleme gelöst wurden.

Berücksichtigt man noch die Patentanmeldungen der Mitarbeiter im unmittelbaren Umfeld von Prof. Hugo Junkers und Patente, die nach seinem gewaltsamen Ausscheiden aus dem Flugzeug- und Motorenbau ab 1934 auf den Namen des Konzerns bzw. dessen Personal eingetragen wurden, so ergibt das eine Gesamtzahl, die weit über 550 Patentschriften liegen würde.

Anzahl der Junkers-Patente nach Technikbereichen geordnet:

1. Motorenbau mit Zubehörteilen und Verfahrenstechnologie	134 Patentschriften
2. Flugzeugbau mit Zubehör und Spezialausrüstungen	69 Patenschriften
3. Vorrichtungs- und Fertigungsbau	16 Patentschriften
4. Warmwasser-Durchlauferhitzer	35 Patentschriften
5. Heizungs- und Lüftungsanlagen im Kaloriferbau	42 Patentschriften
6. Kalorimeterbau und Messtechnik	32 Patentschriften
7. Stahlbau und Gebäudekonstruktionen	28 Patentschriften
8. Metallmöbel, Bad- und Haushaltstechnik, Beschläge	23 Patentschriften
9. Foto-, Licht- und Vermessungstechnik	8 Patentschriften
10. Spezielle Fertigungs- und Betriebsverfahren	28 Patentschriften
	Gesamt: 415 Patentschriften

Dieser hohe Anteil von Spitzenleistungen versinnbildlicht ein charakteristisches Merkmal innovativer Forschung und verkörpert eine sprichwörtlich technische Dynamik, die in der Zeit der 1920er- bis 1940er-Jahre ein markantes und unverkennbares Qualitätssiegel darstellte und gleichzeitig vom wissenschaftlich-technischen Know-how der sogenannten Junkerselite kündet.

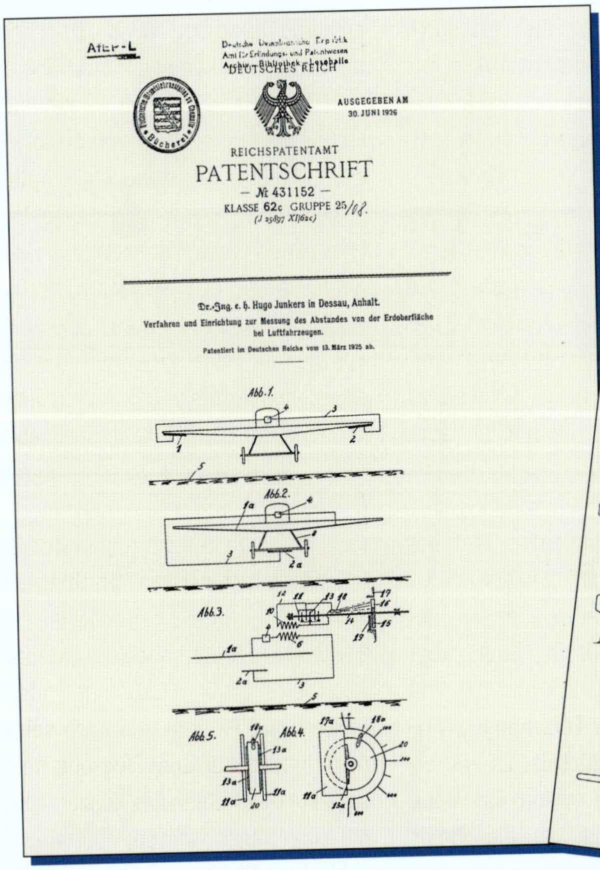

DEUTSCHES REICH

AUSGEGEBEN AM 30. JUNI 1926

REICHSPATENTAMT

PATENTSCHRIFT

— № 431152 —

KLASSE 62c GRUPPE 25

Dr.-Ing. e. h. Hugo Junkers in Dessau, Anhalt.

Verfahren und Einrichtung zur Messung des Abstandes von der Erdoberfläche bei Luftfahrzeugen.

Patentiert im Deutschen Reiche vom 13. März 1925 ab.

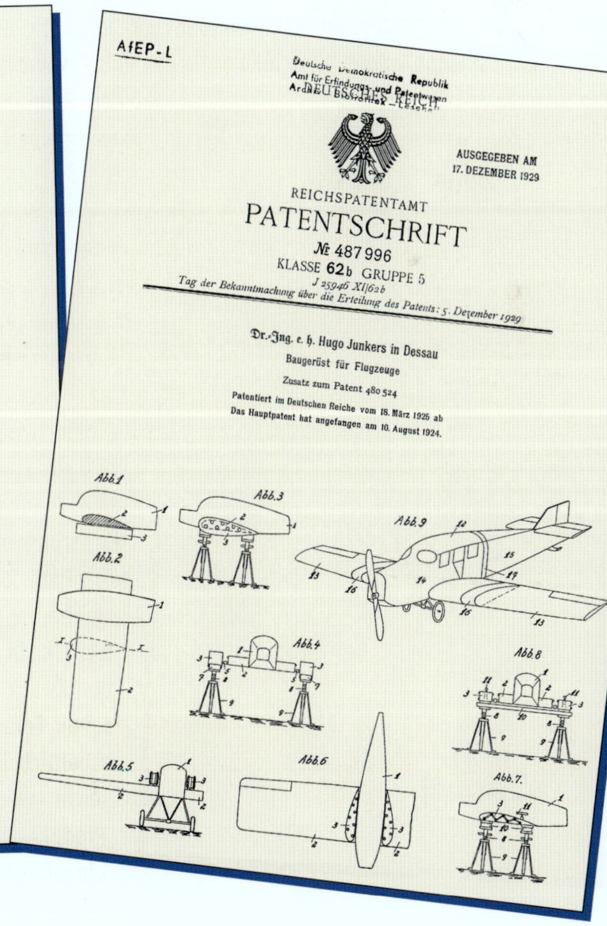

DEUTSCHES REICH

AUSGEGEBEN AM 17. DEZEMBER 1929

REICHSPATENTAMT

PATENTSCHRIFT

№ 487996

KLASSE 62b GRUPPE 5

J 25946 XI/62b

Tag der Bekanntmachung über die Erteilung des Patents: 5. Dezember 1929

Dr.-Ing. e. h. Hugo Junkers in Dessau

Baugerüst für Flugzeuge

Zusatz zum Patent 480524

Patentiert im Deutschen Reiche vom 18. März 1926 ab

Das Hauptpatent hat angefangen am 10. August 1924.

Linkes Patent: Ein Verfahren und die Einrichtung zur Messung des Abstands eines Flugzeugs von der Erdoberfläche.
Dok.: Sammlung des Verf.

Rechtes Patent: Baugerüst für Flugzeuge. Zusatz zum Patent 480524 vom 18. März 1925.
Dok.: Sammlung des Verf.

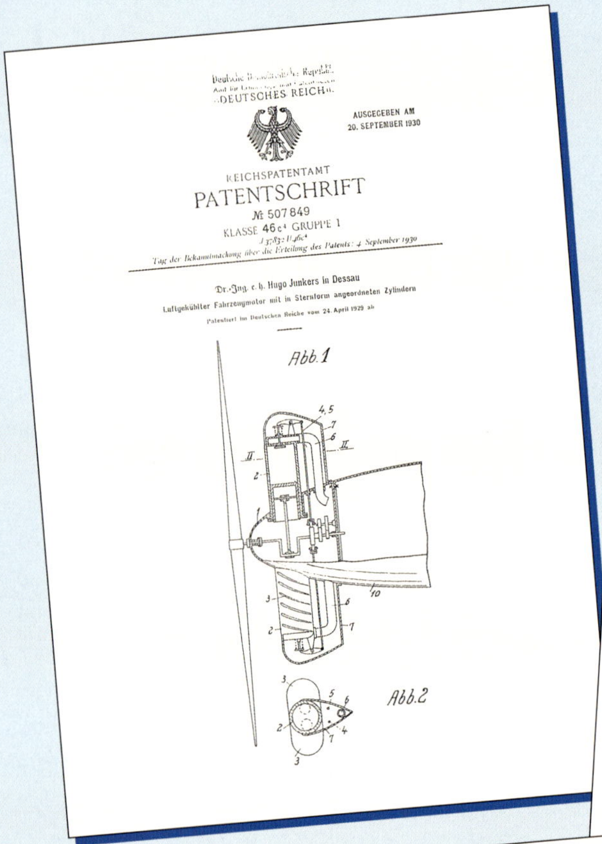

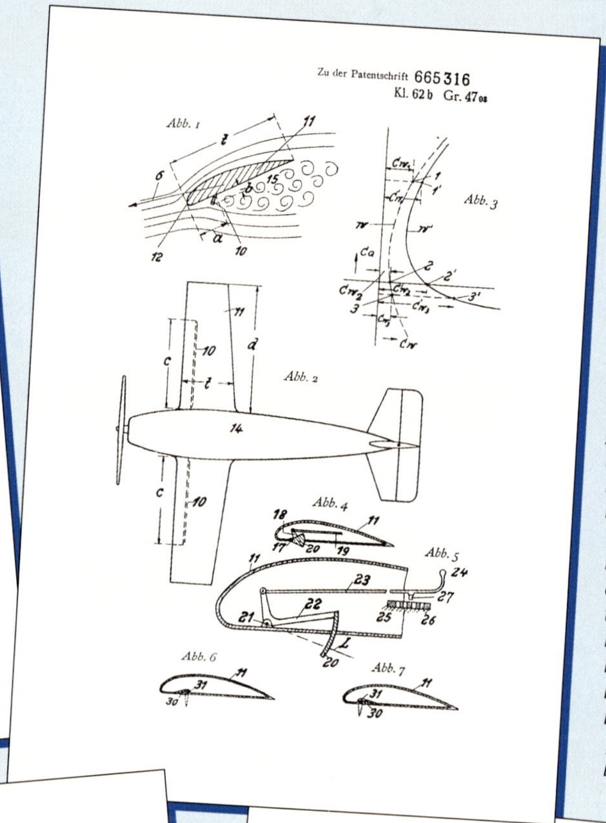

Linkes Patent: Nr. 507849 vom 30. Juni 1927. Ein luftgekühlter Fahrzeugmotor mit sternförmig angeordneten Zylindern.
Dokument: Sammlung des Verf.

Rechtes Patent: Nr. 665316 ausgegeben am 29. September 1938 für eine Fahrtbremse für Flugzeuge. Das sogenannte „Stuka-Patent" wurde bis zu seiner Ausgabe 1938 als „geheim" eingestuft.
Dokument: Sammlung des Verf.

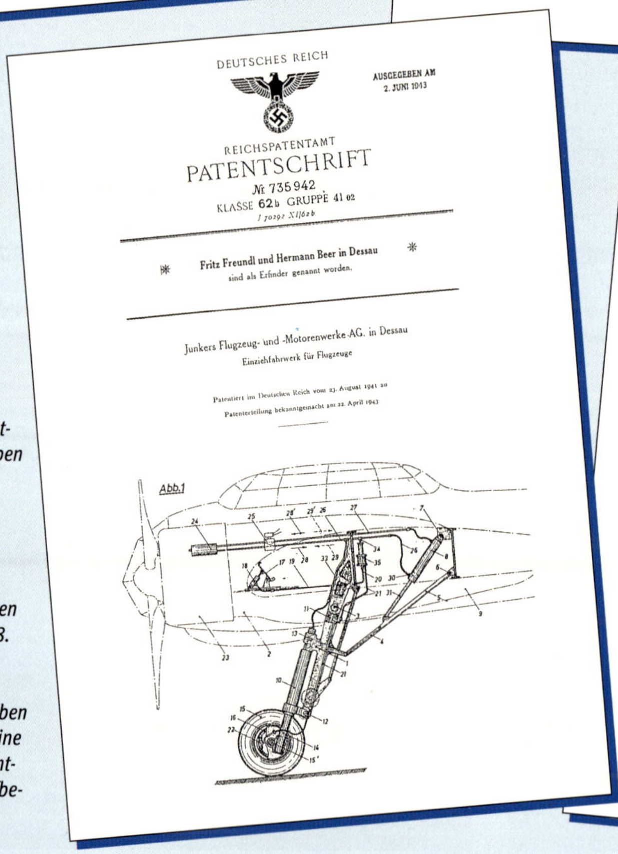

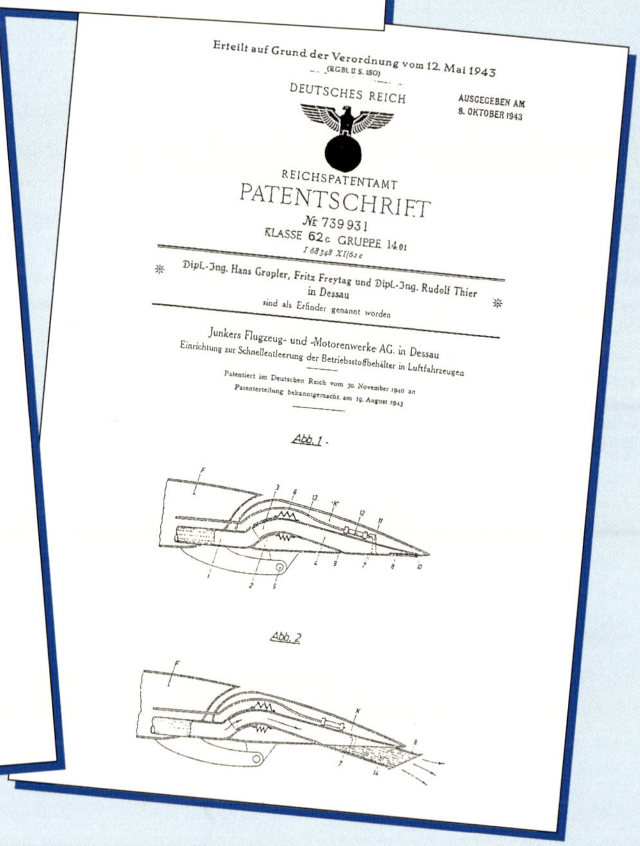

Linkes Patent: JFM-Patentschrift 735942, ausgegeben am 2. Juni 1943 für ein Einziehfahrwerk für Flugzeuge. Nach diesem Prinzip arbeiteten alle Einziehfahrwerke der Ju-88-Baureihen und deren Entwicklungen nach 1938.
Dokument: Sammlung des Verf.

Rechtes Patent: Ausgegeben am 8. Oktober 1943 für eine Einrichtung zur Schnellentleerung der Betriebsstoffbehälter in Luftfahrzeugen.
Dokument: Sammlung des Verf.